Patchwork Lessons 3

斉藤謠子の不藏私拼布課 3

15堂拼布基本功＆拼布人一定要學的貼布繡＆刺繡技巧

Contents

多年來醉心於運用拼布技巧製作各式小物，我的創作也逐漸變化為擁有個人風格的原創作品。然而，由於大部分的範例都已介紹過，若要發想全新的樣式，委實是件十分困難的事。不過，如果是貼布繡，就可以畫出屬於自己的線條，無論是選用喜歡的繪本中的圖案，或是自由發想、創作都可以！要是再加上刺繡，就會成為更加精緻的獨特作品了。

製作貼布繡作品時，並不需要太艱澀的刺繡技法，基本技巧就已足夠。此外，美國有一種以紅線來進行輪廓繡、被稱為「素繡（Red Work）」的技巧，也從數年前開始在日本備受矚目。由於這樣的作品堪稱傳統，對於一個拼布人而言，也算是想嘗試動手製作的單品之一吧！在本書中，介紹了許多我自行創作的刺繡及貼布繡作品。這次若有幸再度成為各位參考的對象，將是我莫大的光榮。

斉藤謠子

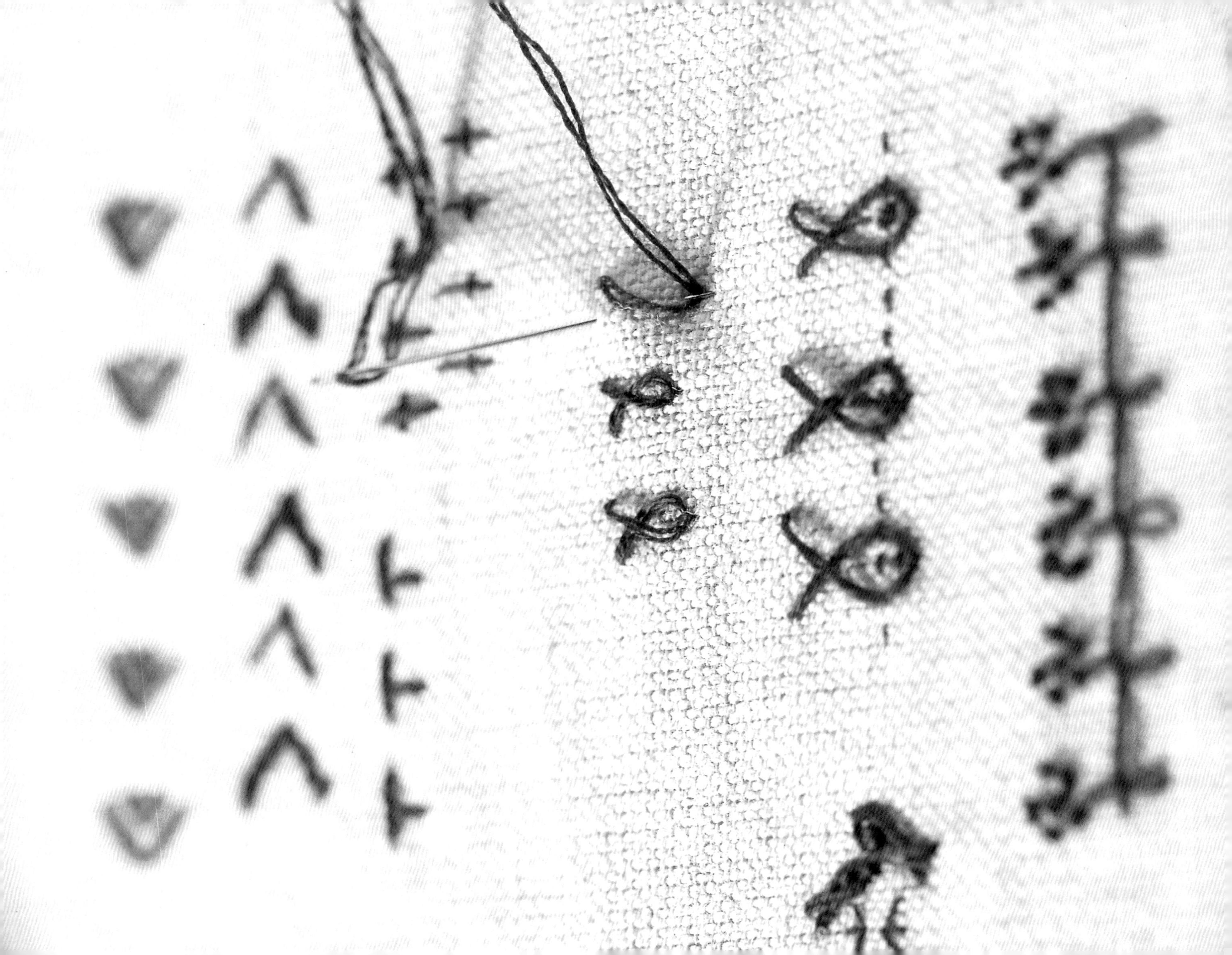

Sampler of embroidery

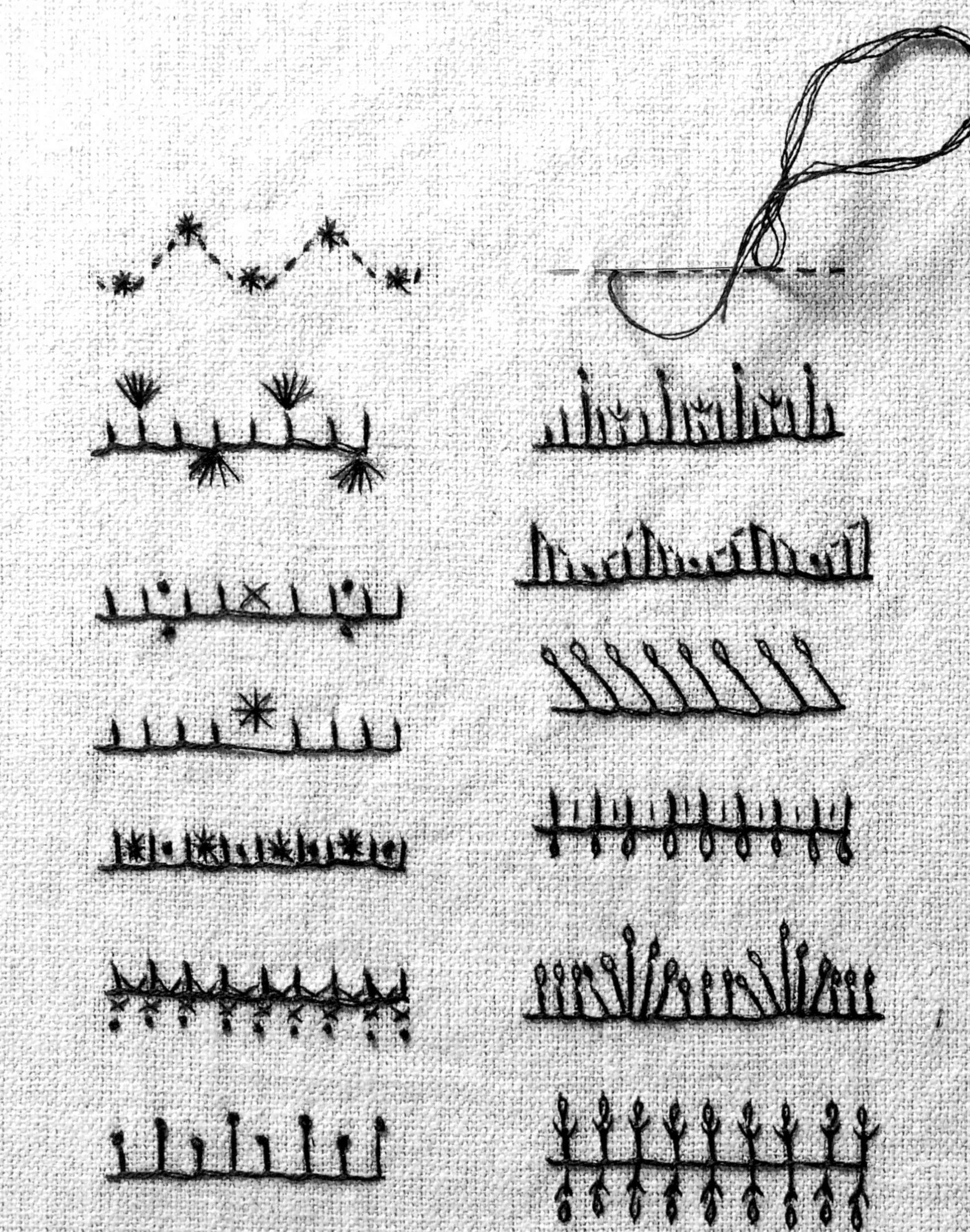

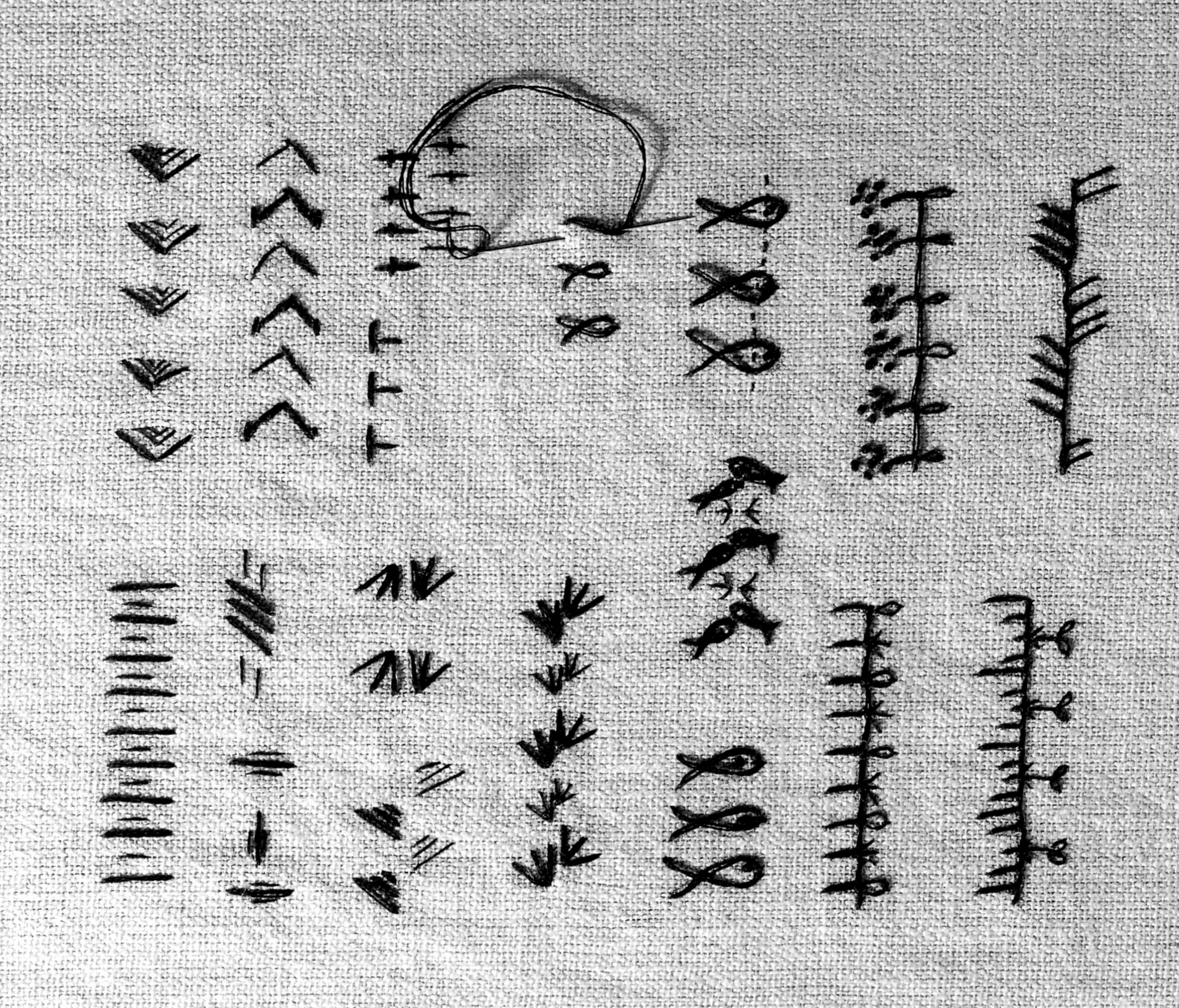

Lesson 1

Orange Peel

橘瓣貼布繡包包

MATERIALS 材料

表布

- 基底布　印布花25×50cm
- 貼布繡布料　印花布、格紋布、條紋布等各適量
- 側邊布　圓點織紋布15×65cm

滾邊布　格紋斜紋布條2.5cm×60cm，2片

裡布　格紋布50×65cm

棉襯　50×65cm

滾邊包繩　粗0.3cm，長60cm，2條

皮製提把　0.8cm×28cm，2條

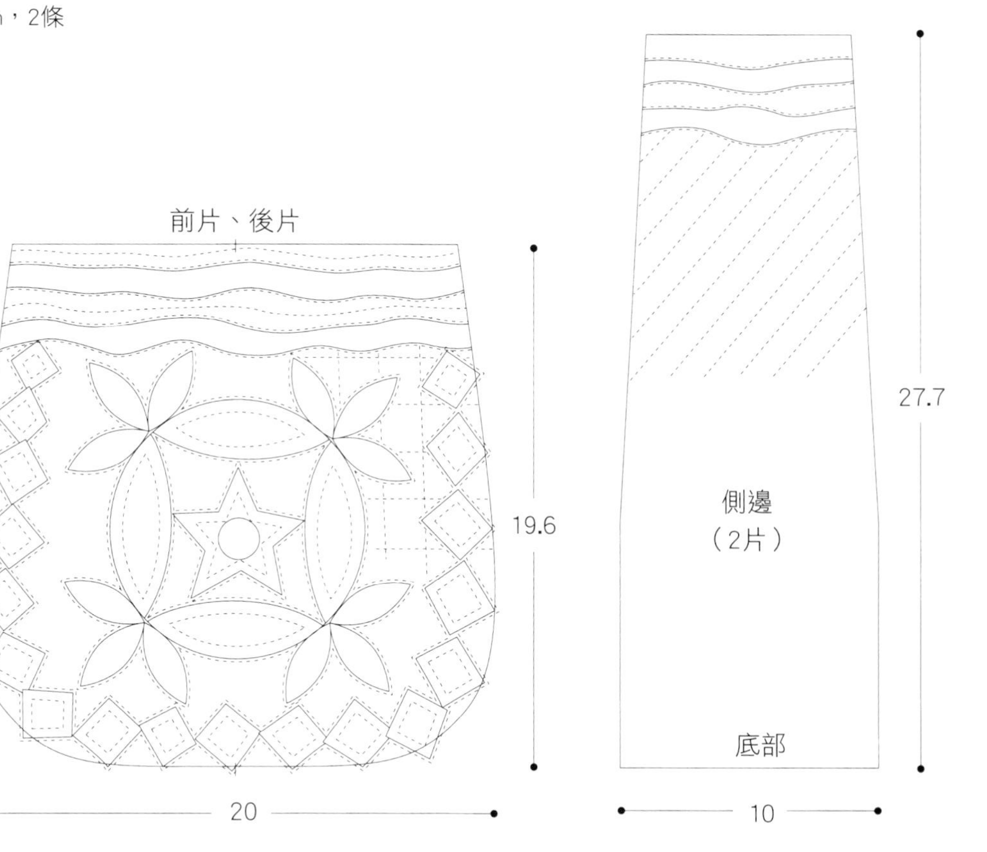

CHECKPOINTS

本書雖附有四角形的貼布繡紙型，但與其精確地製作出尺寸完全相同的包包，不如視情況將布料剪裁成適當的大小，更能展現出整體作品的靈活度。

1

準備貼布繡所需的本體及貼布繡布料。本體布料要多留1.5cm縫份，貼布繡布料則留出0.3cm縫份。

貼布繡作法

2

在貼布繡布料的正面標示記號。深色布選用白色粉土筆，其他布料則選用2B鉛筆來畫記。將袋口側的貼布繡布料疏縫在本體布料上，再縫製固定。接著，與第二塊貼布繡布料重疊的下端部分，則進行修剪。

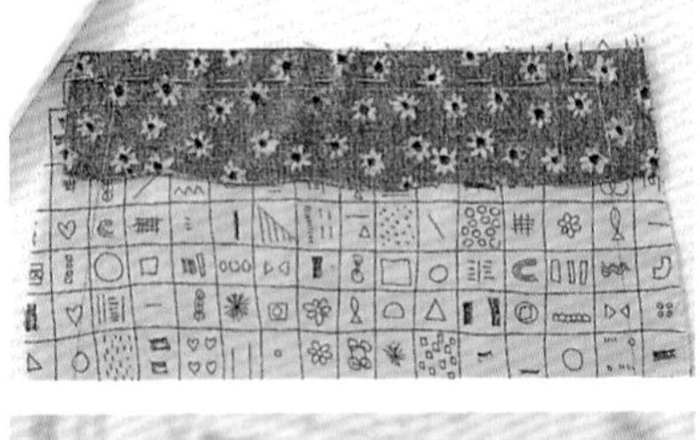

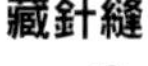

藏針縫

3

以珠針將布料固定在本體上。一邊以針尖將縫份往內摺，一邊往表布的貼布繡位置內側勾縫。

4

接著，往貼布繡布料的完成線邊緣進行勾縫。這就是所謂的「藏針縫」。進行藏針縫時，請仔細處理針目，盡量將線材藏在布面下。

5

第二條貼布繡布料，也以相同方式進行藏針縫。

6

將四方形布料貼縫在本體邊緣。如圖，將四方形布料摺成完成尺寸，若有骨筆，摺疊時會更加順利。將布料置於硬板上，以骨筆前端來回壓出摺痕。

7

接著，以面的部分將縫份往另一邊壓摺。如此重複幾次，摺疊出完成線。

8

以珠針將摺好的布料固定在完成線上，再仔細地進行藏針縫。

9

完成上方線條及邊緣的貼布繡。接著處理縫份，曲線部分以針尖邊往內摺邊縫，直線部分則是預先摺疊後，以藏針縫固定。

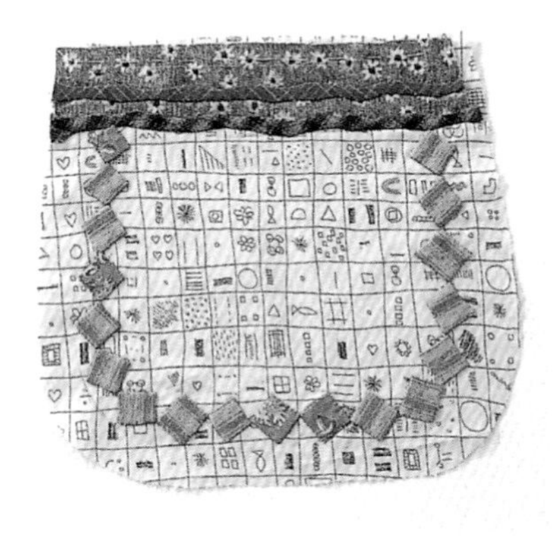

10

進行中心處的貼布繡。以2B鉛筆畫圓，事先標記接合處的合印記號。

11

在貼布繡布料的正面標示記號，留0.3cm縫份，再對齊圓形邊緣與貼布繡布料的完成線，疊上布料。

12

以珠針固定布片，再以P.10步驟3、4的作法進行藏針縫。

13

如圖所示，以藏針縫完成一片布料的貼布縫。兩側尖端部分則如步驟18至20的作法，以針尖將縫份往內摺入數次，一邊縫一邊將縫份塞入布片下。

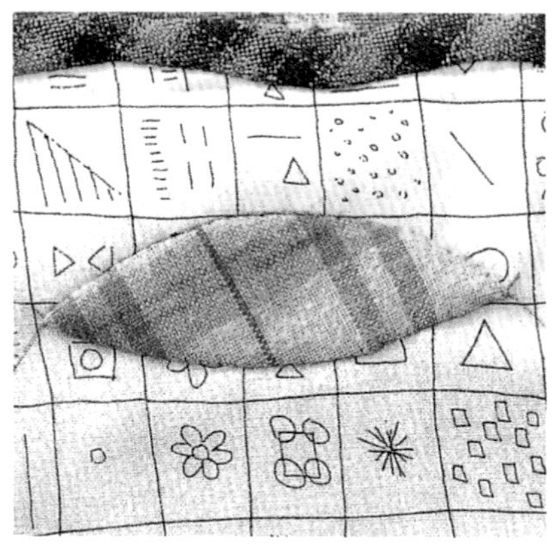

14

如圖所示，以藏針縫完成四片布料的貼布繡。為了讓布片的尖角都能確實接合，縫製時請小心喔！

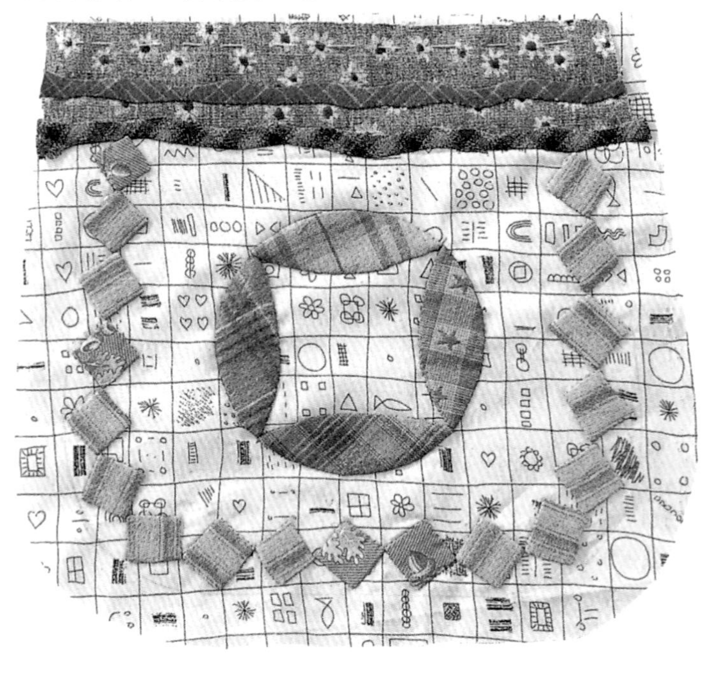

15

將星形布片貼縫在中心處。為了讓尖角能夠如圖一般美觀，縫製時必須特別注意。首先，在某一邊的尖角到凹槽處之間的部分進行藏針縫，再以剪刀緊貼凹槽處的縫份完成線，確實往內修剪。

16

像是要將布料翻過去一樣，將針尖從上往下翻轉，將布料往內摺至貼合完成線。

17

以藏針縫處理至星形的下一個尖角。

18

以剪刀將完成部分突出的三角形縫份剪掉。

19

接著以針尖將縫份往內摺一半。

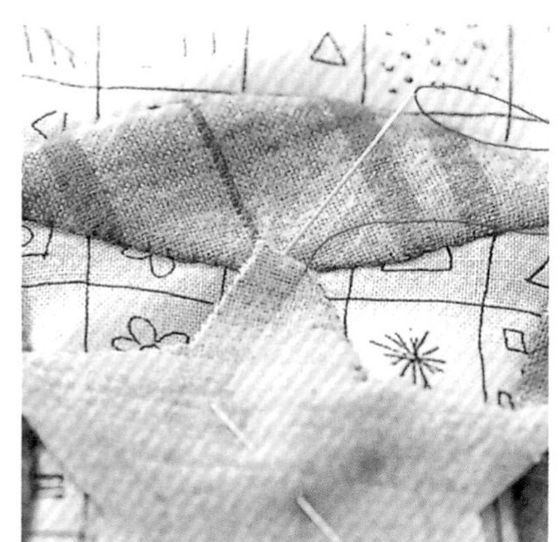

20

往內摺一半的縫份，如圖所示。再以針尖將縫份往完成線摺疊對齊。尖角部分進行貼布繡時，像這樣分次將縫份往內摺，可以讓成品更美觀。

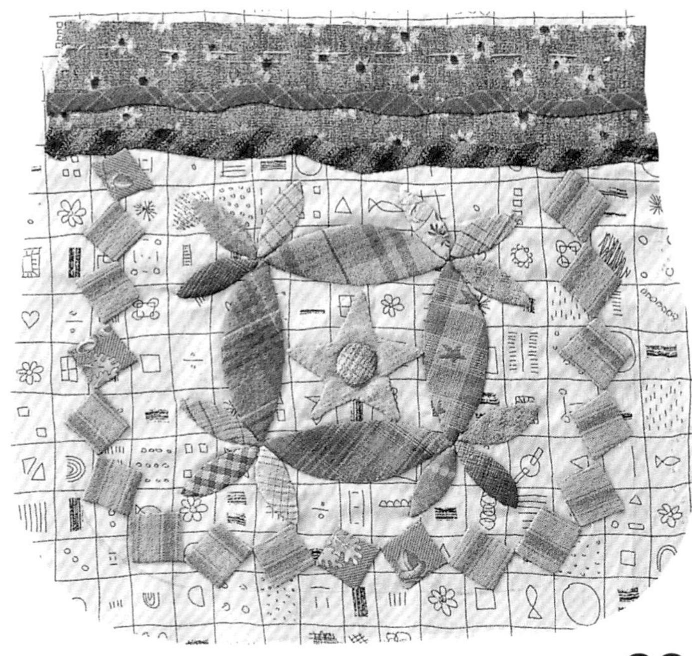

22

進行藏針縫前，抽出圓形布料中的厚紙板，以珠針固定在星星中央，再以細小的針目進行藏針縫（參閱P.10）。由於前、後片花樣相同，因此再製作一塊相同的布片。

21

進行中心圓形部分的貼布繡。圓形布料外圍留出0.5cm縫份，再於縫份處進行平針縫。接著，放入一片與完成線圓形大小相當的厚紙板，拉緊線縮口，再以熨斗燙整。

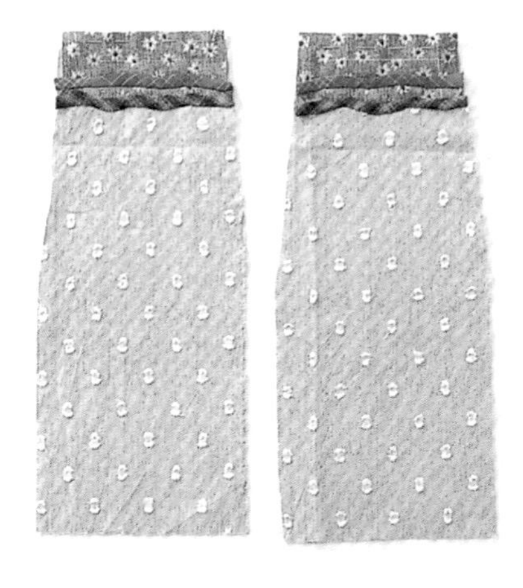

23

製作兩個脇邊。上側貼布繡部分的作法與P.10相同。

24

如圖，包包所需要的本體表布製作完成。圖中的上、下部分為前側及後側，左、右部分則為側邊。右上處為皮製提把。

25

本體表布完成後，標示壓線記號。依序疊合裡布、棉襯、表布，疏縫後，再進行壓線處理。

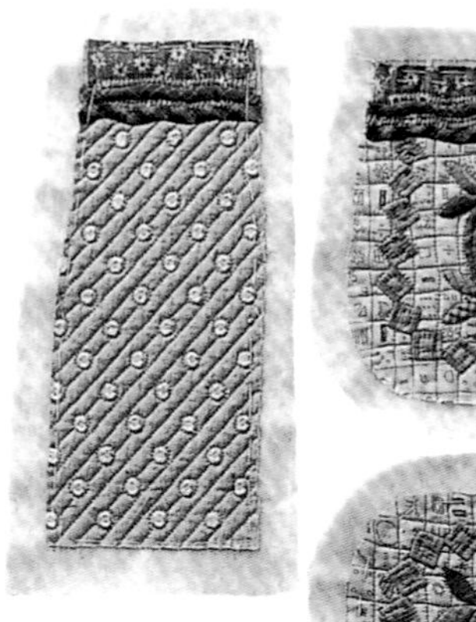

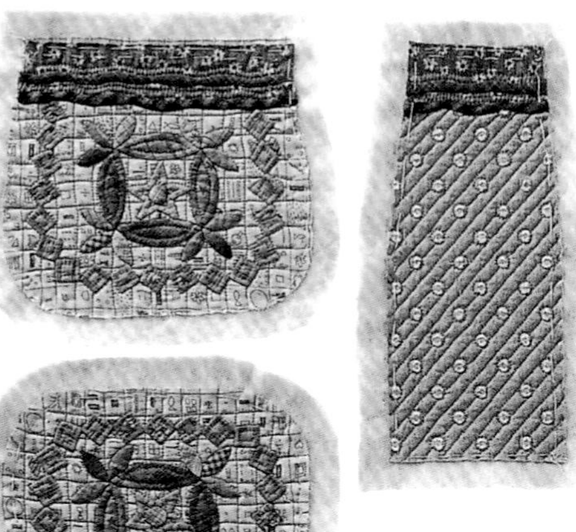

26

壓線完成後，再次疊上紙型，以2B鉛筆描出完成線。

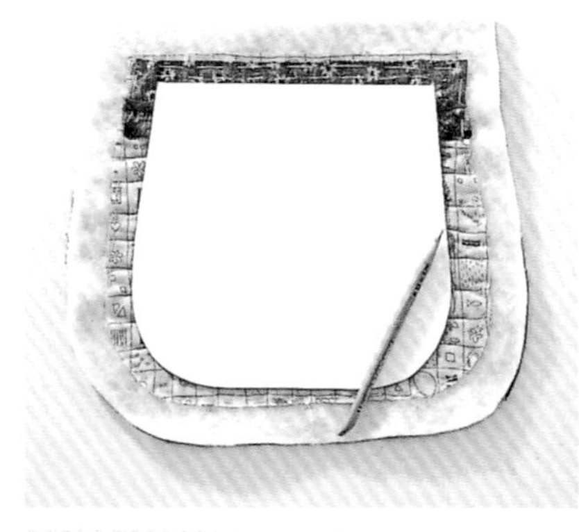

27

將側邊底部縫合起來。側邊部分正面相對疊合，再車縫固定。

28

接著處理縫份。留下單側一片裡布不修縫分，其餘表布、棉襯及裡布的縫分都剪至0.7cm寬。

29

以留下的裡布縫分，將所有的縫份包捲起來，往單側翻摺、熨壓。接著以珠針固定，以細針目進行藏針縫。

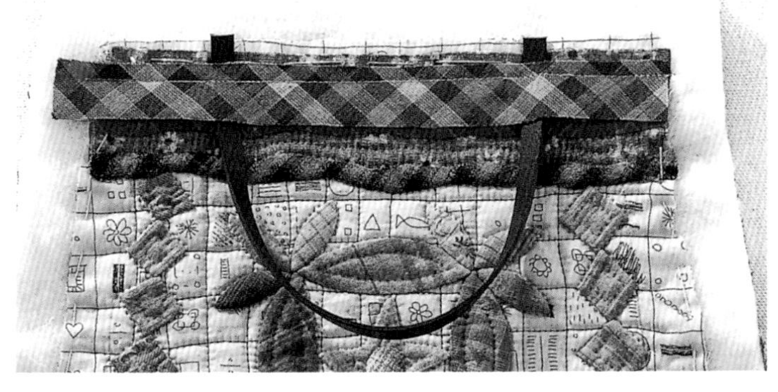

32

以相同方式處理側邊的袋口處。如此處理袋口包含兩種方式，其一為各布片分別處理，或在包包整體製作完成後，再於最後步驟一次處理。

30

處理本體袋口。首先以縫紉機將皮製提把暫時車縫在袋口上，再疊上與裡布相同花樣、寬2.5cm的斜紋布條，車縫固定。

31

翻起皮製提把，以斜紋布條包捲縫份，再以細小的針目進行藏針縫，固定在裡布上。

滾邊包繩作法

33

製作裝在本體及側邊邊緣的滾邊包繩。準備寬度2.5cm的斜紋布條，將直徑0.3cm的包繩夾入，以疏縫固定住包繩邊緣。

34

將滾邊包繩組裝在本體上。將包繩的疏縫位置對齊本體的完成線位置，以疏縫暫時固定。再將包繩末端往袋口位置摺疊，摺份則要先往外側翻。

35

將側邊與本體正面相對疊合，車縫固定。

36

本體與側邊縫合。

38

如圖，以細針目進行立針縫。

37

留下一片側邊的縫份，其餘縫份均剪掉，再將縫份往本體側翻摺、包捲，進行藏針縫（參閱P.36）。

Finish

包包製作完成。

Lesson 2

Square

四方形拼縫刺繡小物袋

MATERIALS 材料

表布

- 前後布　印花布、格紋布、條紋布等各適量
- 口布、束繩穿口布　條紋布10×70cm
- 底布　印布花15×20cm

滾邊布　格紋斜紋布條3.5cm×50cm
裡布　印布花30×110cm
棉襯　30×110cm
厚布襯　10×15cm
蠟線　粗0.3cm，長65cm，2條
木珠　直徑1cm，4顆
Cosmo繡線　Multi Work 322，各色適量

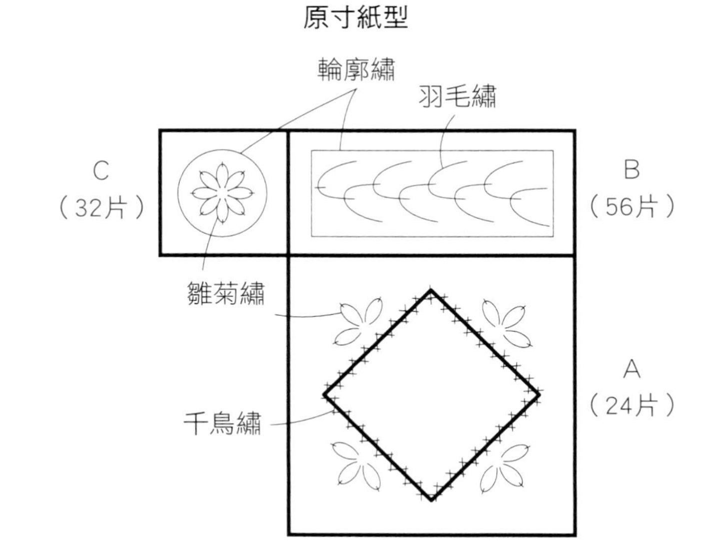

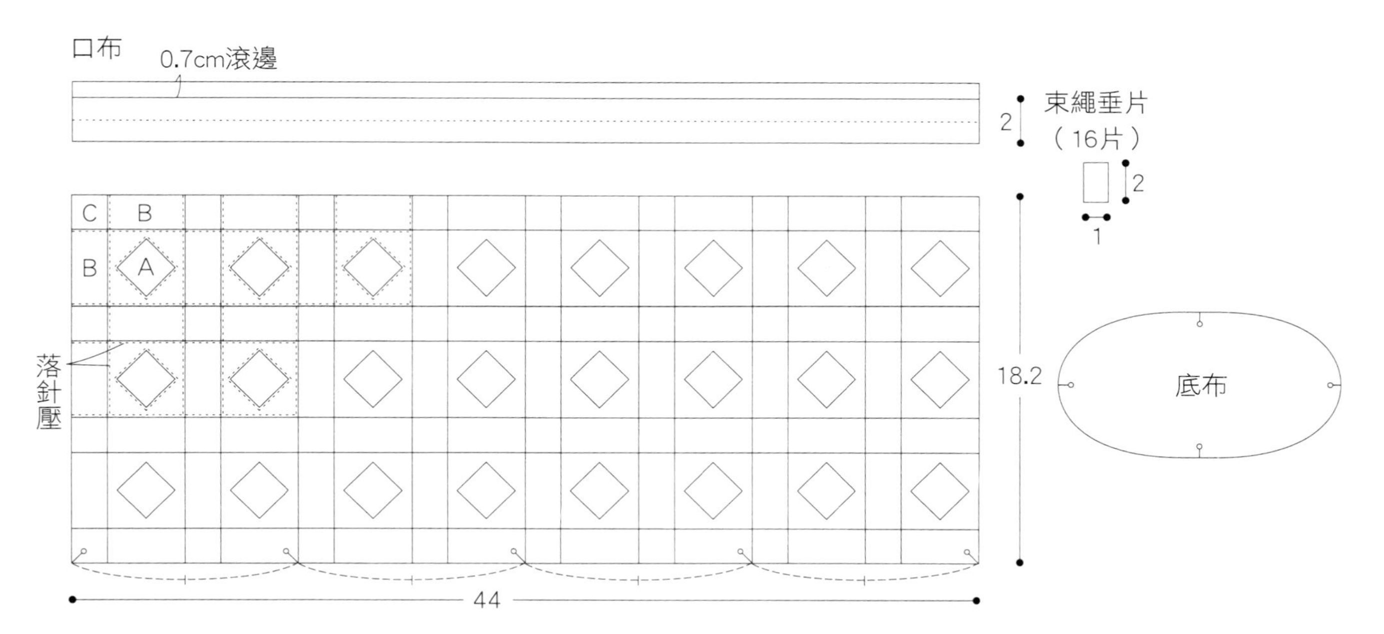

CHECKPOINTS

製作這款小物袋時，並不是以束繩垂片將本體及口布連接起來，而是將包繩藏起，藉由拉緊束起袋口。若想要製作很多包繩，可以先製作一條長繩，再剪成所需長度後使用。

1

一組區塊所需的小布片，如圖所示。均先留0.7cm縫份。

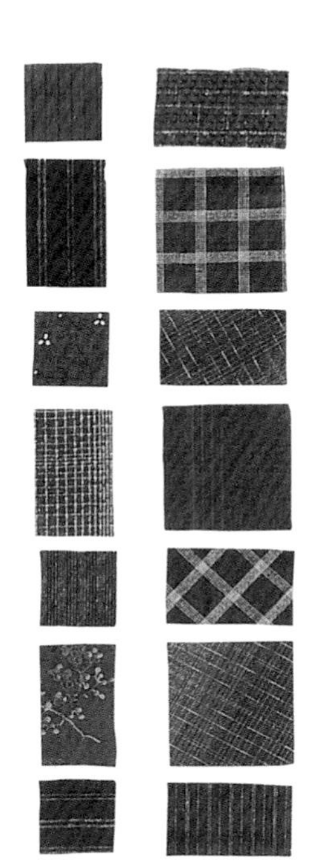

2

逐列接合小布片。止縫點和始縫點都作一針回針縫，從開端到另一末端，全都以細小針目來進行平針縫（參閱P.26）。

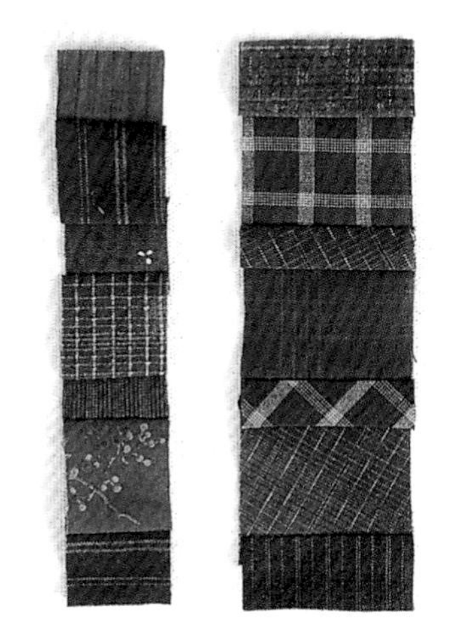

3

背面圖。為了能讓長方形布片浮出，要先在長方形布片邊緣0.1cm處壓出褶線，再將縫份往布片方向翻摺、熨壓（參閱P.26）。

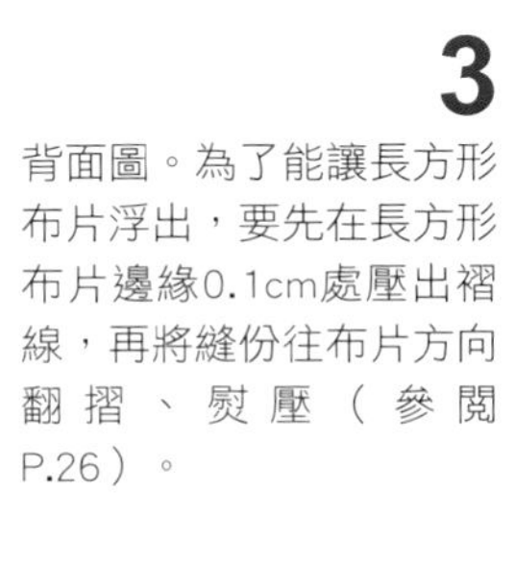

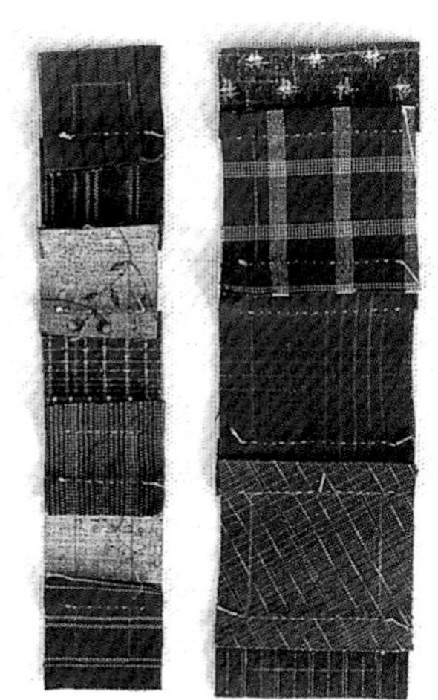

4

如圖，將寬、窄兩種直條布片交互排列為一組區塊，並依序製作出八組。

5

接合所有直條布片。

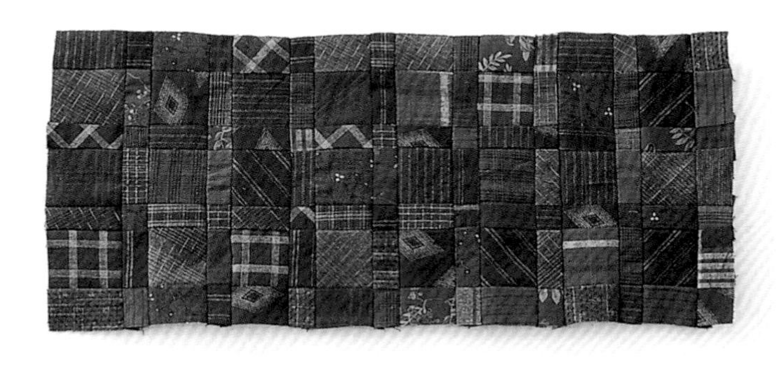

6

在邊緣0.1cm處壓出褶線，將縫份往較窄的那一條布片翻摺、熨壓（參閱P.26）。

7

在四角形布片上進行貼布繡。將四角形布片摺成完成尺寸，再以菱形的角度置於中心，以藏針縫加以固定。

8

在所有的四角形布片上進行貼布繡。

9

貼布繡完成圖。

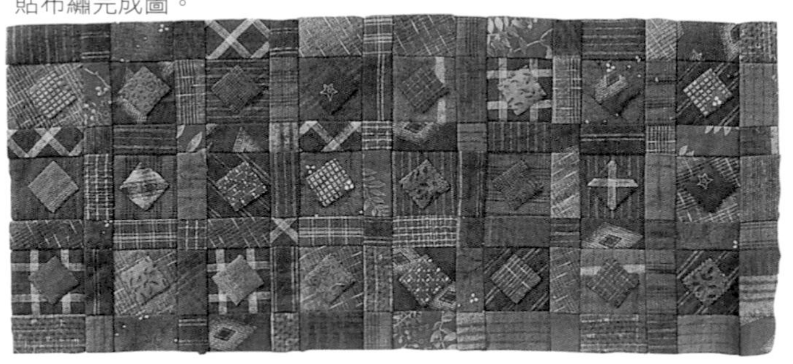

10

取1股繡線，在貼布繡布片邊緣進行千鳥繡及雛菊繡（參閱P.98）。

11

其餘小布片也都以1股繡線進行刺繡。

12

準備小物袋所需的表布、蠟線及口布。

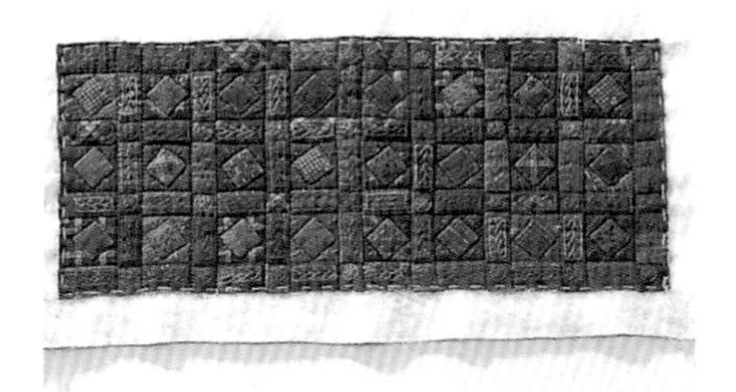

13

依序疊合裡布、棉襯、表布，以疏縫稍加固定後，進行壓線。在小布片接合處及貼布繡邊緣進行落針縫。

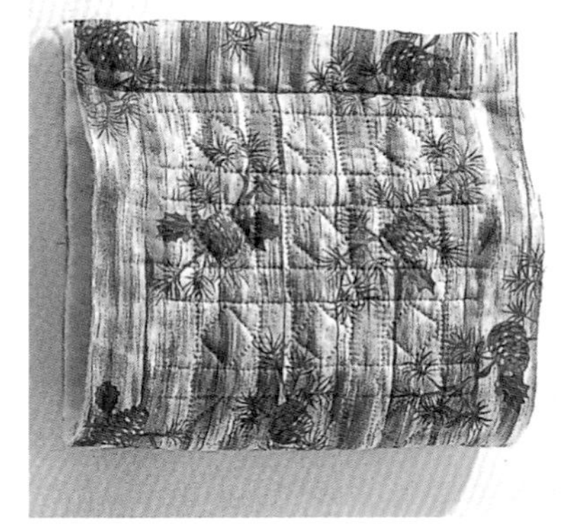

14

縫合兩端，使其接成一個環狀。

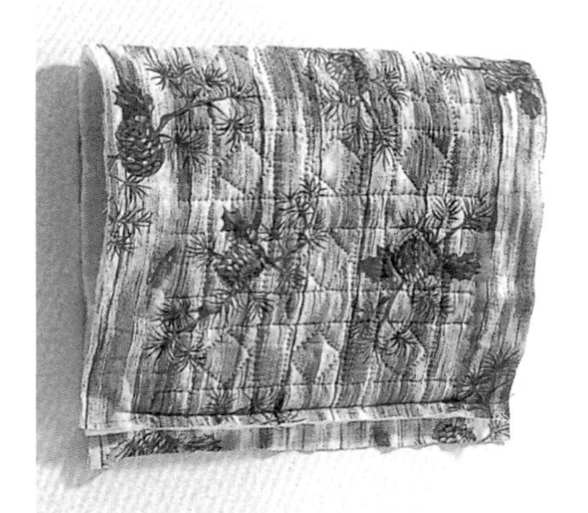

15

留下一片裡布的縫份，其餘縫份都修為0.7cm寬。

16

將縫份包捲起來，往單側翻摺、熨壓，再以藏針縫固定在裡布上。

17

準備底布。從上而下依序為表布、棉襯及裡布。將厚布襯裁成完成尺寸大小，貼在裡布上，縫份1cm寬。

18

為了讓底布更加堅固耐用，因此以縫紉機進行壓線處理。表布、裡布外側相對疊合，中間夾入棉襯，再於布面上車出1平方公分的格紋壓線。

19

取2股疏縫線，在底側完成線的外側及內側疏縫。

20

稍微拉緊疏縫線，讓外圍縮成相當於底布周長。對齊底布後，先疏縫再車縫固定。最後將縫份剪成0.7cm寬。

24

製作口布。由上而下依序是裡布、表布及棉襯。縫份為寬0.7cm。

21

以與裡布相同花樣的斜紋布條將邊緣包捲起來。將斜紋布條正面相對疊合，以縫紉機車縫、組裝在縫線邊緣上。接著包捲縫份，以藏針縫固定在裡布上（參閱P.45）。

25

以縫紉機將表布車縫成環狀，再取珠針以一定間隔將16片束繩垂片固定在正面。裡布也車成環狀，縫份和表布一樣都事先熨開。

22

將縫份收向底側。

23

製作用來連接口布及本體的束繩垂片。像這樣必須製作許多短短的垂片時，可以先製作一條長帶，再剪成需要的長度，會較為方便。首先，將寬度3cm的布對摺，在距離邊緣1cm處進行車縫。接著翻回正面，在左右兩側車縫，再剪成16條3.5cm的短帶。

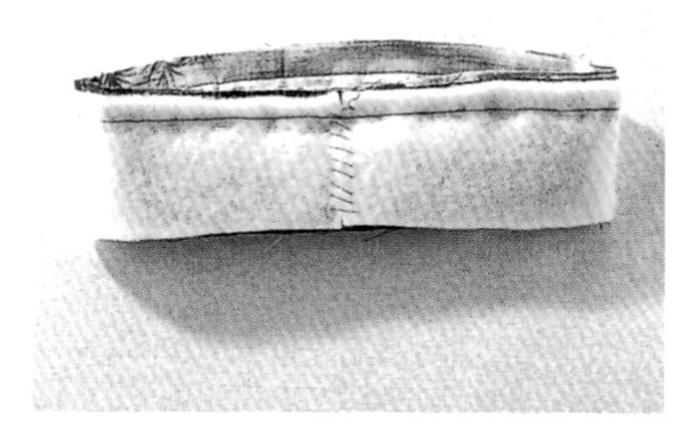

26

將表布及裡布的正面相對疊合，再將已經接成環狀的棉襯疊上。以縫紉機車縫完成線的位置。接著修剪棉襯縫線的邊緣處（參閱P.30）。

27

翻回正面、整理形狀後，再將組裝束繩垂片那一邊的口布以疏縫固定。

28

先車縫組裝束繩垂片的一側，再於中心處進行壓縫，接著以不同花樣的斜紋布條進行滾邊（參閱P.37）。

29

將束繩垂片組裝在本體上。先以珠針將束繩垂片固定在本體上，再準備一條與裡布花樣相同、寬2.5cm的斜紋布條，與本體正面相對疊合。

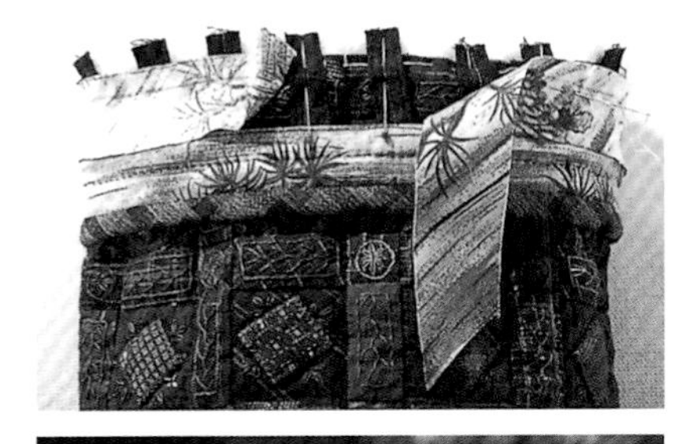

30

車縫完成線位置，再剪去多餘的棉襯。將斜紋布條翻回正面，包捲縫份之後，往本體方向翻摺、熨壓，以藏針縫加以固定。

31

翻起口布，完成！

32

選用不同顏色的蠟線，從左右分別交錯穿過束繩垂片。

Finish

將木珠穿入蠟線，末端打結後放入木珠中，再以接著劑固定。

Lesson 3

Crazy

瘋狂拼布刺繡包

MATERIALS 材料

表布

- 前側布、後側布　印花布、格紋布、條紋布等各適量
- 口布　印布花10×50cm
- 側邊布　格紋布25×25cm

裡布　格紋布50×110cm
棉襯　50×110cm
厚布襯　25×30cm
薄布襯　少許
Cosmo繡線　Multi Work 322，各色適量
木製提把　1組

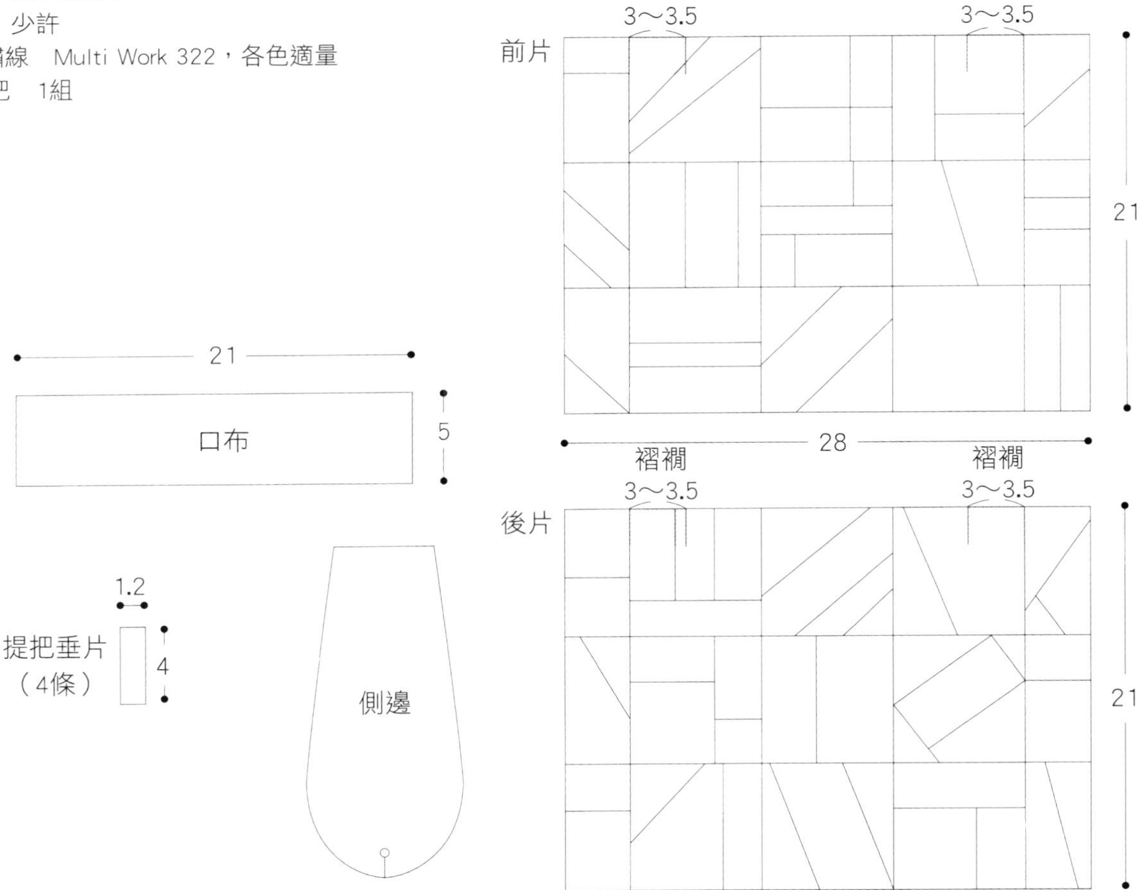

CHECKPOINTS

刺繡時，要盡量以細小的針目在布片接合處進行。關於繡線的顏色，請參閱表布完成品圖（P.28步驟 17、18）。至於褶襉部分，是壓線完成之後，再調整成符合口布的長度。

1

縫合一組區塊所需要的布片。縫份0.7cm寬。

2

將布片的正面相對疊合，以珠針固定。線打結後進行1針回針縫，從末端始縫。以細小的針目進行平針縫。

3

縫至另一端後，進行1針回針縫，打結固定。

4

小布片縫合完成。盡量將針目縫得細緻一些。

褶線的壓法

5

壓出褶線後，熨壓縫份。在距離完成線外圍0.1cm處多摺一點，以指甲刮過布料，作出摺痕。

6

小布片翻回正面，如圖所示。此為留有褶線的狀態。在進行拼布作業時，請務必以此方式為縫份作出褶線。

7

以相同方式，將另一片布片從端到端縫合，接著作出褶線後，熨壓縫份。

8

背面圖。為了讓縫份在中心處有浮凸效果，將縫份往中心方向翻摺、熨壓。

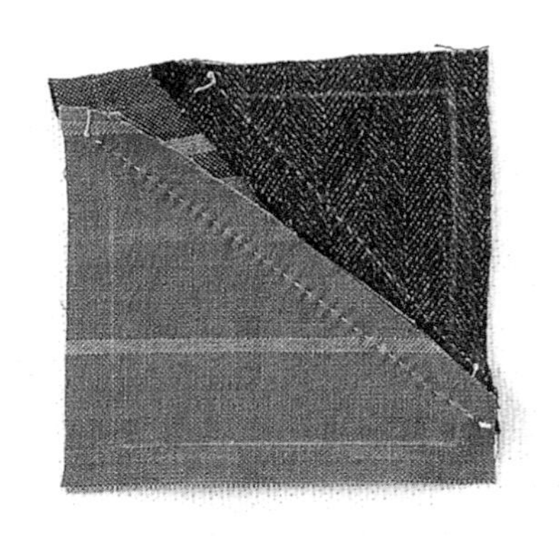

9

製作三組由小布片接合而成的區塊，再縫合成橫排1列。如圖下方，製作相同的3列布片。

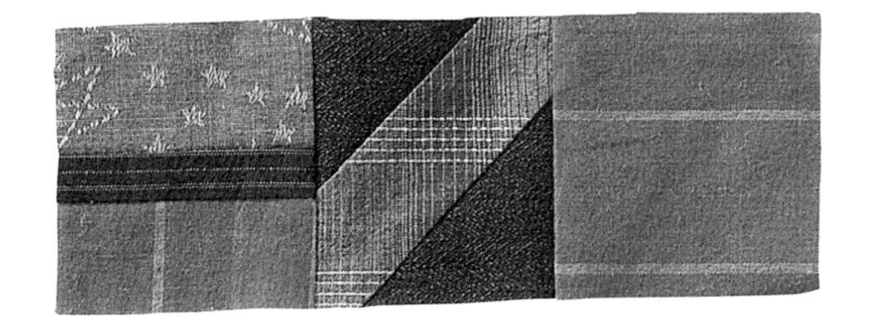

10

將3列布片接縫起來。

11

背面圖。雖然縫份的熨壓方式有很多種，基本原則是往希望更醒目的布片，或深色布片的方向熨壓。

12

也以同樣方式縫合左右兩端的布片列。

13

縫合左右兩端的布片列，前側的表布就完成了。

14

背面圖。

15

以相同方式製作後側的表布。

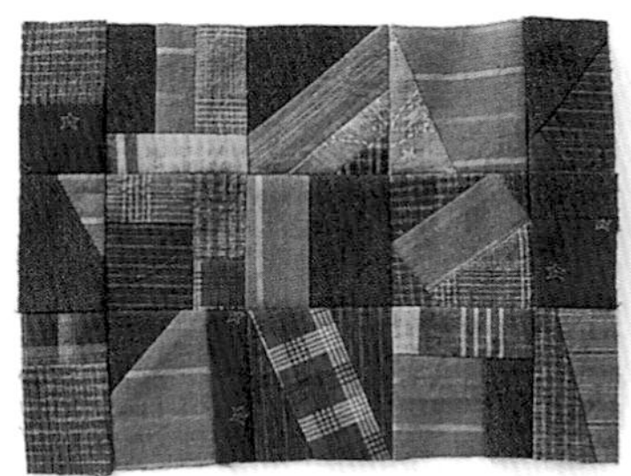

16

表布製作完成後，描繪刺繡圖案。若表布為深色布面，就使用白色粉土筆來繪製。

17

取1股繡線進行刺繡。此時必須以繡框固定住布面，再進行刺繡。前側表布刺繡完成，如圖所示。

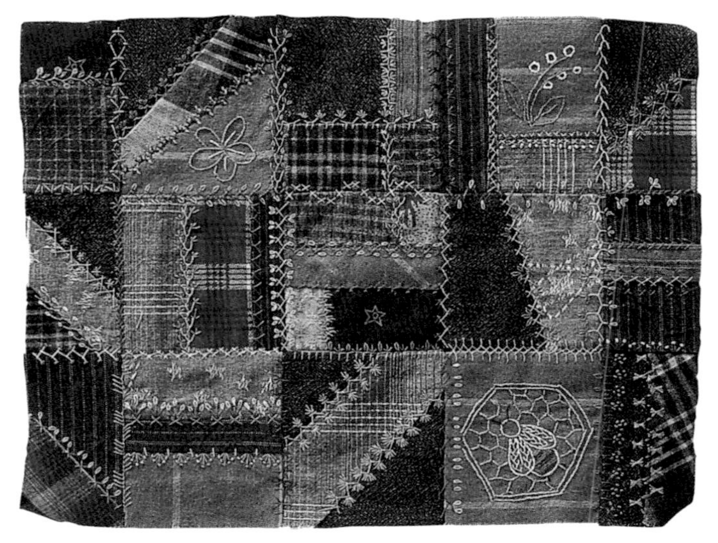

18

完成刺繡的後側表布。

19

準備包包所需的表布及材料。下圖中，中間為前側及後側表布，左右兩側是側邊布，上方則是口布及木製提把。

20

在表布上描出壓線圖案，再依序疊合裡布、棉襯及表布，疏縫後再進行壓線處理。右圖為前側表布。

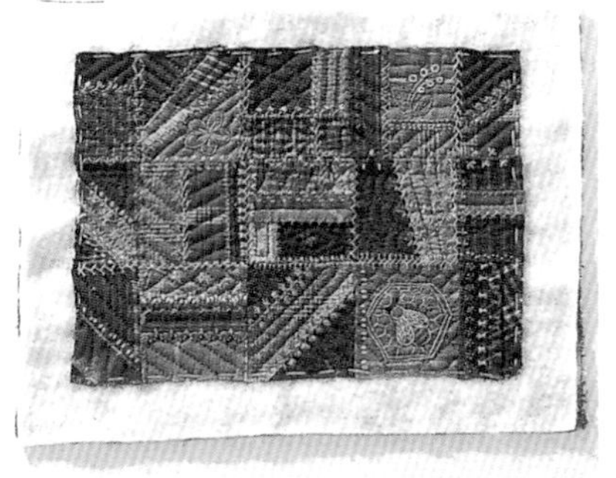

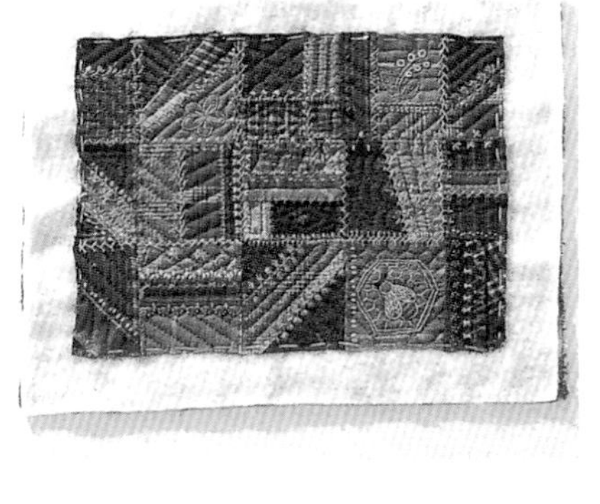

23

將前側、後側的本體底部縫合。正面相對疊合後，車縫固定。

後側表布。

24

留下一片裡布的縫份，將其餘布片的縫份修剪至0.7cm，再以裡布縫份包捲邊緣，往單側熨壓，以藏針縫固定在裡布上（參閱P.14）。

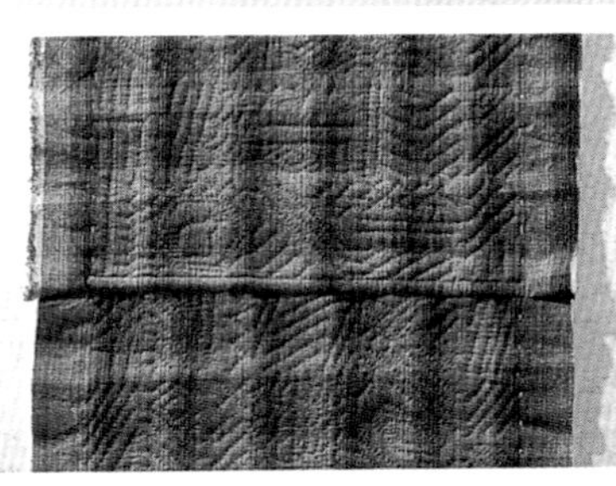

22

壓線時，盡量以細針目來處理。刺繡部分不壓線。

25

製作側邊。準備棉襯、裡布（將厚布襯貼在裡布的完成線上）及表布。

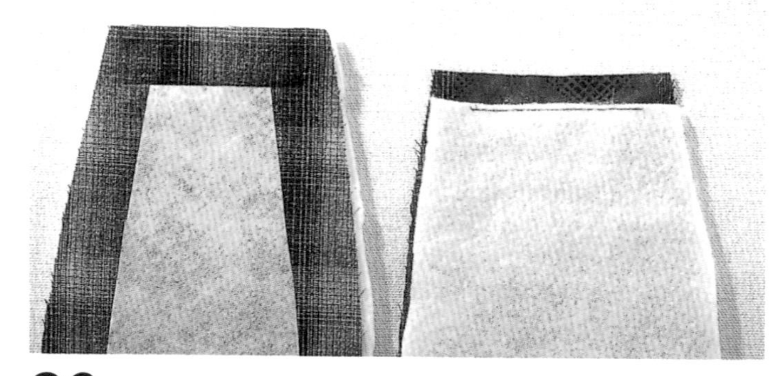

26

將表布及裡布正面相對疊合，疊在棉襯上，再車縫側邊上端。接著沿車縫線邊緣修剪棉襯。

27

將側邊翻回正面，疏縫後以縫紉機進行壓線。由於側邊必須製作得堅固一些，所以用縫紉機來進行壓線。依此方式，再製作相同的一片側邊。

28

將側邊組裝在兩脇上。將本體及側邊正面相對疊合，進行疏縫後，以縫紉機車縫。接著，將縫份修剪成0.7cm。

29

準備一條寬2.5cm，與裡布相同花樣的斜紋布條，將縫份包捲起來（參閱P.45）。

30

側邊處理完成圖。

31

連接口布的部分，則是分別摺起前、後兩處褶襉，以疏縫暫時固定。

32

製作口布。與製作側邊的方式相同，先將表布及裡布正面相對疊合，再疊上棉襯，接著留下組裝邊不車縫，其餘均車縫至完成線，然後沿著車縫線邊緣修剪棉襯。

33

將口布翻回正面，整理形狀，避開口布的裡布，將表布與本體車縫在一起。縫份全修為0.7cm。

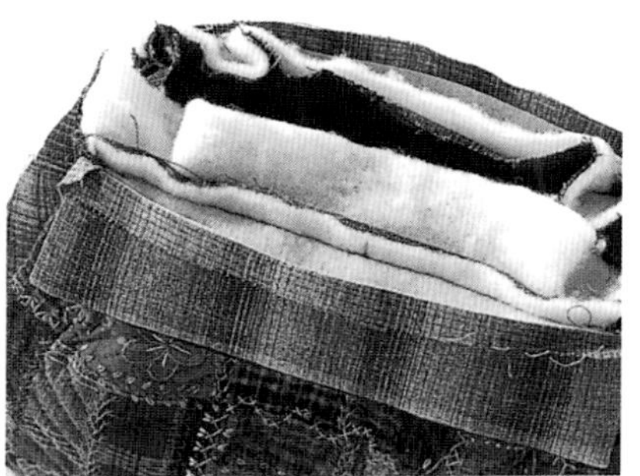

34

將口布的裡布摺至完成線，以藏針縫固定在本體的裡布上。

35

從口布距離上端1.2cm處開始以縫紉機車縫，每間隔1.2cm車壓一道線。

36

製作提把垂片。在布片上黏貼寬1.2cm的薄布襯。內側朝外對摺後，先車縫直向邊緣，再將布襯調整到提把垂片的中央處，熨開縫份，再車縫上側處，然後翻回正面，車縫左右兩側。依此方式製作4條。

37

組裝提把垂片。以捲邊縫將提把垂片未處理縫份的那一端組裝在口布內側。

38

前後共組裝4條。

39

將提把穿過，以藏針縫確實固定在裡布上。

Finish

包包製作完成。正面圖。

背面圖。

Lesson 4

Octagon

八角形拼縫城市包

MATERIALS 材料

表布
- 前側布、後側布　印花布、格紋布、條紋布等各適量
- 口布　格紋布20×30cm
- 側邊布　條紋布15×65cm

袋蓋布　格紋斜紋布條15×15cm
袋蓋的滾邊布　格紋斜紋布條3.5×35cm
裡布　格紋布40×110cm
棉襯　40×110cm
厚布襯　少許
鈕釦　直徑2.5cm，1顆
磁釦　直徑1.4cm，1組
皮製提把　1組

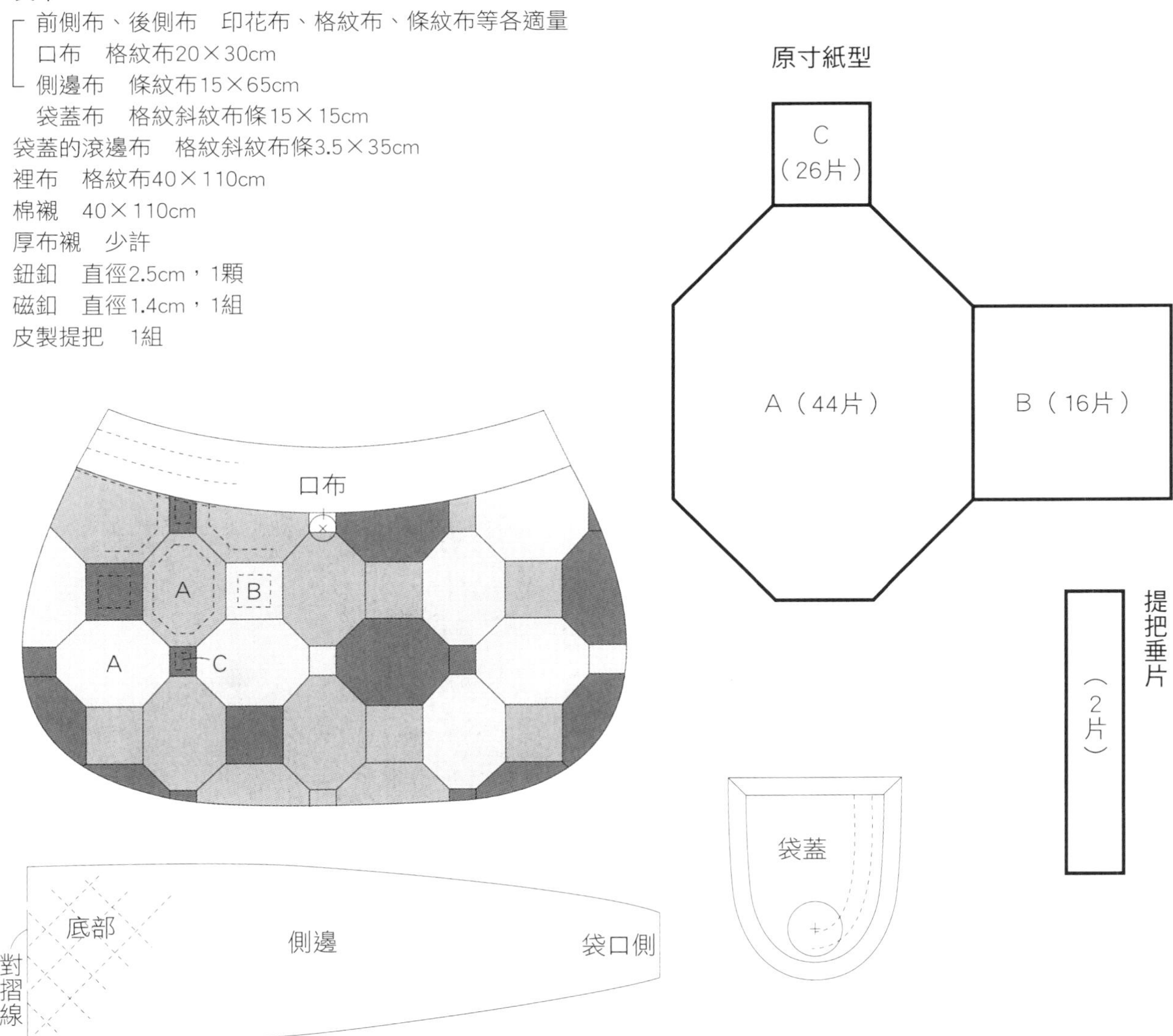

CHECKPOINTS

八角形布片的縫份熨壓方式就像風車一樣，是依序交互往單側熨壓。在縫合本體及側邊，或要在厚布料上進行車縫時，可先確實作好疏縫後再車縫，布面就不會輕易滑動了。

1

拼縫表布的布片。將八角形布片及四角形布片正面相對疊合，以平針縫來縫製記號之間的部分。止縫點和始縫點都進行一針回針縫。

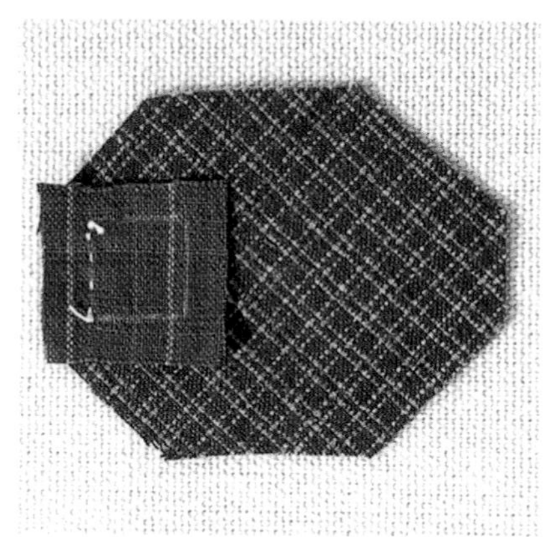

褶線的壓法

2

將縫份往單側熨壓。在距離完成線外圍0.1cm處多摺一點，以指甲刮過布料，作出摺痕。

3

翻回正面。如此一來，距離邊緣0.1cm處即有一條褶線。所有布片拼縫的縫線上，都要作出這樣的褶線。

4

以同樣的方式組裝接縫成一列布片。

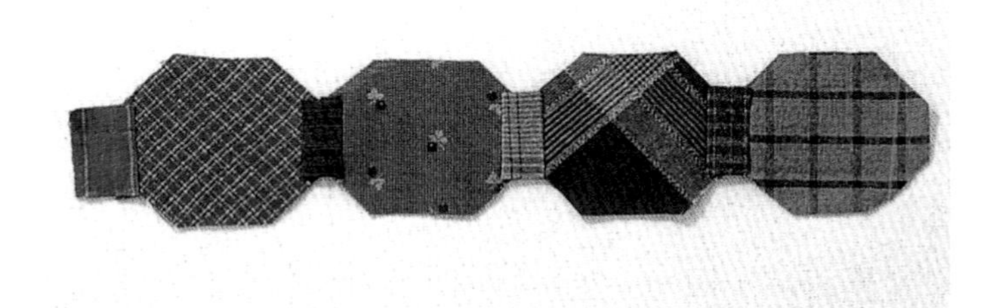

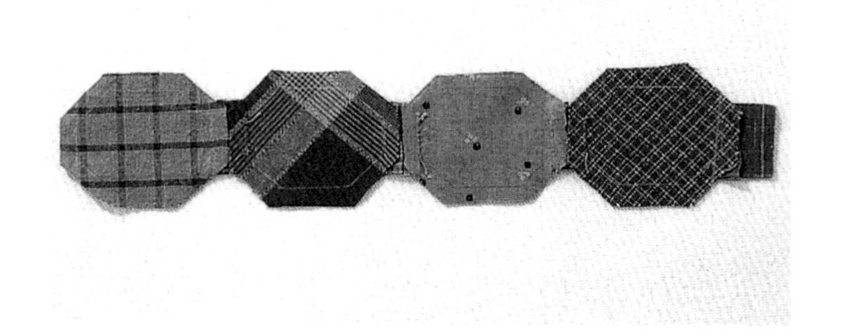

5

背面圖。

6

由於要讓布片交互接合，因此4片八角形的布片需製作3列，5片的則製作2列。後側部分，也是以同樣方式拼縫一組布片。

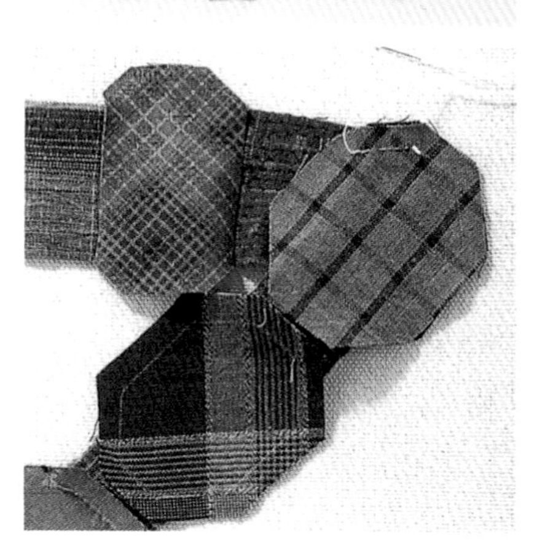

7

縫合第1列及第2列。全部都是縫製記號到記號之間的部分。

8

由於縫份並不縫製，因此要先在角落進行一針回針縫，往對面側的記號位置出針後，再拔出。接著以珠針固定住下一邊，以同樣方式縫製固定。

9

以此方式避開所有縫份，逐一縫製記號到記號之間的部分。

12

將縫份以此方式作出褶線，再如風車般交互熨壓縫份。

10

第1列及第2列布片接合完成圖。

11

背面圖。

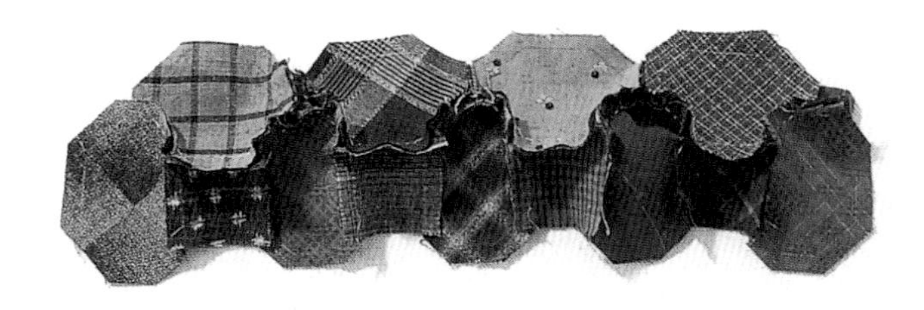

13

5列布片接合完成圖。

14

背面圖。依此方式，將縫份以風車式的方向熨壓。

15

與後側表布的製作方式相同，將小布片縫合起來。

16

將口布分別組裝在表布上。由於2片口布的圓弧線相反，因此要以珠針一點一點地固定，再一邊進行縫製。

17

準備前側、後側、袋蓋及側邊所需要的布料。提把則使用皮製提把。

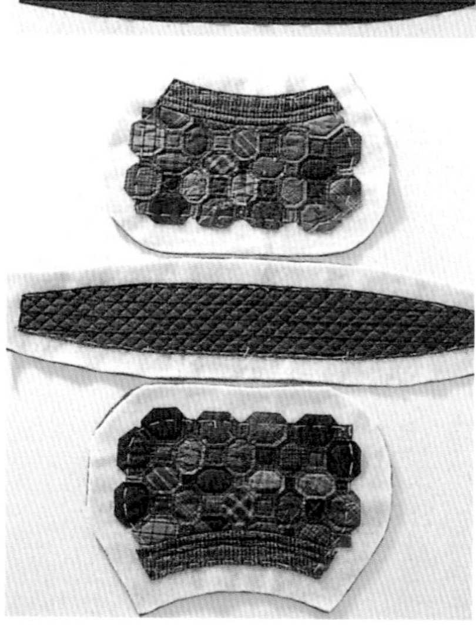

18

在前側、後側表布及側邊上進行壓線處理。作法是依序將棉襯、表布疊在裡布上，再進行壓線。

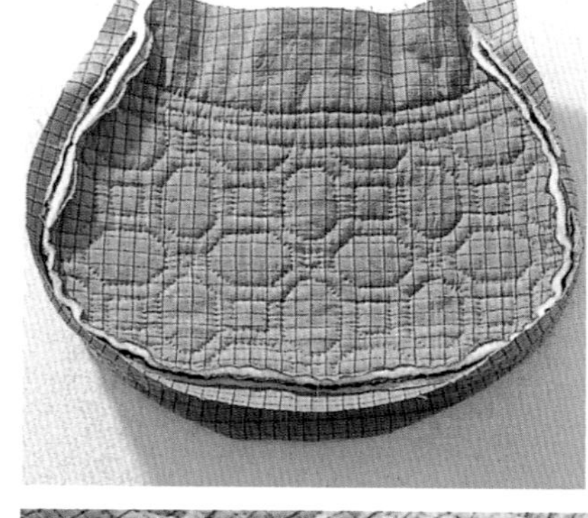

19

以縫紉機將本體及側邊縫合。留下一片側邊裡布的縫分，其餘縫份都修剪成0.7cm寬。

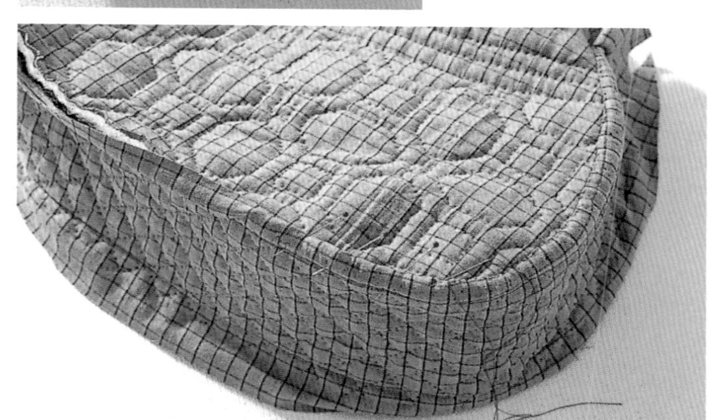

20

以側邊縫份包捲邊緣，往本體方向收捲，再以細小針目進行藏針縫加以固定。

21

側邊組裝完成圖。

22

製作袋蓋。疊合裡布、棉襯及表布後，以縫紉機進行壓線。邊緣則以不同花樣，寬3.5cm的斜紋布條進行包捲處理。

23

將斜紋布條末端往內摺0.7cm，與袋蓋兩者正面相對疊合，先以珠針固定住角落，再以全回針縫縫到角落處，收針固定。

24

摺疊角落處，以珠針固定直線部分。以上一步驟收針固定的針，繼續以全回針縫縫製。前端圓弧部分較難處理，一邊以珠針一點一點地固定，再一邊縫製即可。

25

以同樣方式縫製另一邊的角落處。斜紋布條的止縫點要與始縫點重疊1cm。斜紋布條繞完一圈後，剪去多餘的縫份。

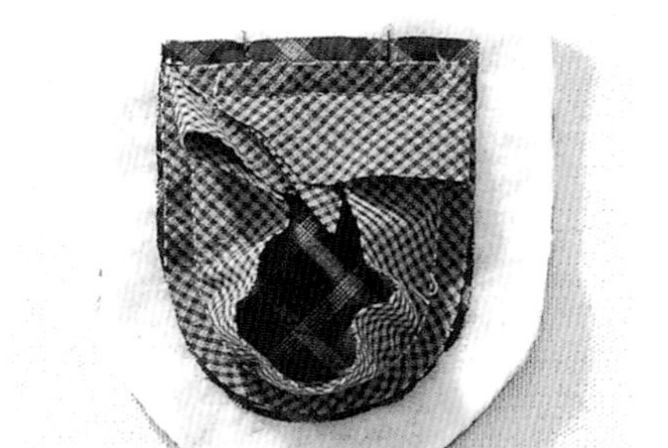

26

將斜紋布條翻至正面，整理角落形狀，再將縫份往外包捲，以細針目進行藏針縫收邊。

27

背面圖。

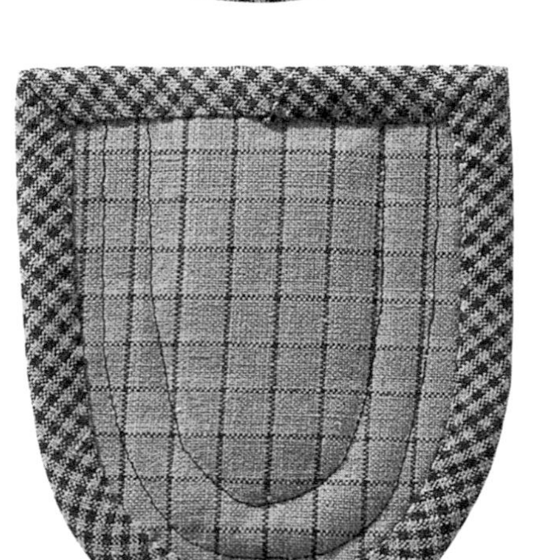

28

將磁釦組裝在袋蓋上。圖中左邊的母釦裝在本體，右邊公釦則是裝在袋蓋上。

29

將厚布襯貼在袋蓋背面要組裝磁釦的位置上。對準磁釦釦腳的大小後，以拆線器穿出兩個洞。

30

插入磁釦釦腳，再於正面蓋上釦板，以鉗子扳摺釦腳，加以固定。

31

磁釦組裝完成圖。

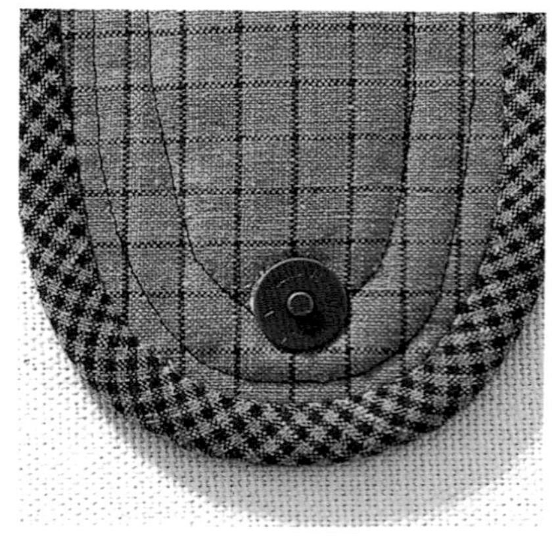

32

將墊布疊在袋蓋正面，組裝鈕釦。先用與袋蓋相同的布料，剪出一塊直徑3cm的圓形布，再將直徑2cm的厚布襯貼在其背面。以平針縫在布襯外圍縫製一圈，拉線縮口，覆蓋住磁釦釦板，再以細針目的藏針縫縫製固定，最後加裝一顆裝飾用的鈕釦。

33

製作用來固定皮製提把的提把垂片。先在背面貼上厚布襯，正面相對摺疊後，以回針縫處理邊緣，左右兩側則以縫紉機車縫（參閱P.31）。將提把穿入提把垂片，縫製、固定末端。

34

準備1條與裡布相同布料、寬2.5cm的斜紋布條，處理袋口部分。將斜紋布條正面相對疊合，夾住提把，再以縫紉機車縫。縫份則修剪成0.7cm寬。

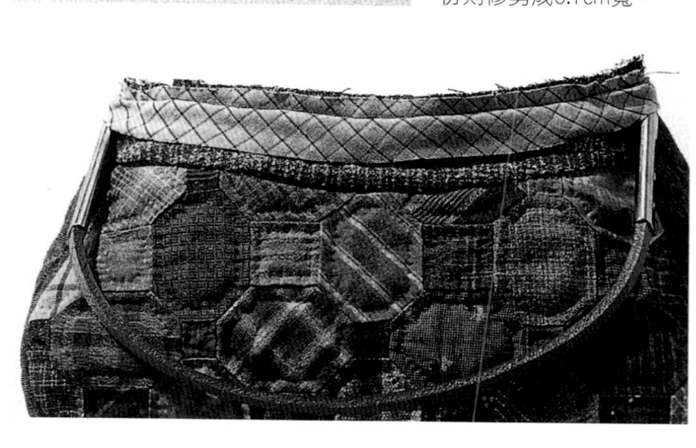

35

將斜紋布條翻回正面後，包捲縫份、往本體裡側方向翻摺後，再以細針目的藏針縫固定。

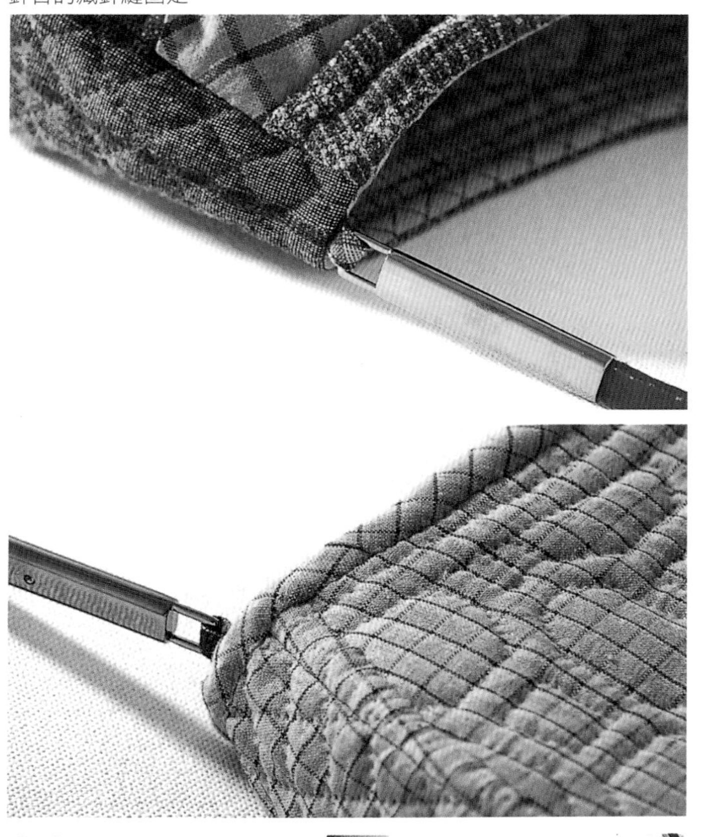

36

內側圖。

37

先以疏縫將袋蓋暫時固定在本體後側。滾邊部分的內側是以縫紉機車縫，外側則是以細針目的藏針縫加以固定。

38

與袋蓋的作法相同，將磁釦的另一邊裝在前側本體上。以藏針縫固定剪裁成圓形的墊布，以覆蓋住磁釦部分。

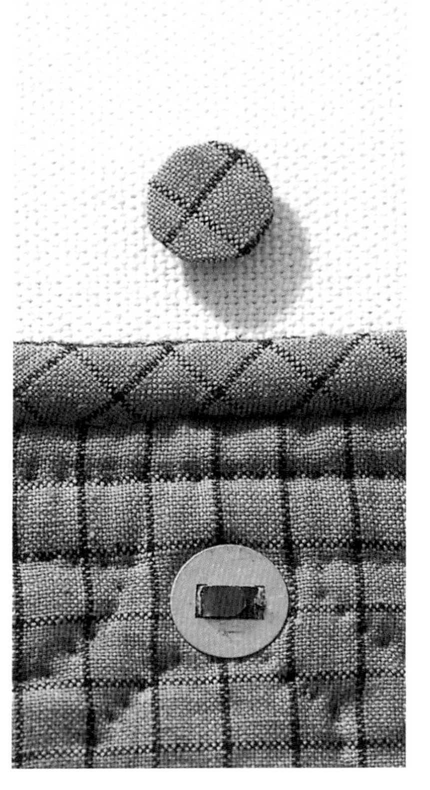

Finish

完成！正面圖。

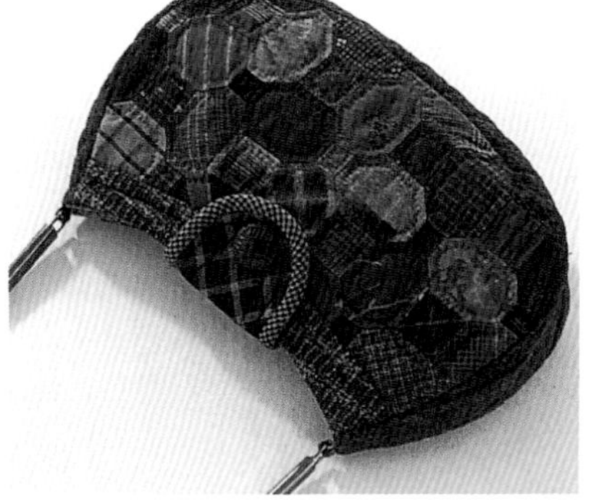

完成！背面圖。

Lesson 5

Acorn

橡實貼布繡刺繡包

MATERIALS 材料

表布

- 前側布、後側布　格紋布45×80cm
- 前側基底布　格紋布30×30cm
- 貼布繡布料　印花布、格紋布、條紋布等各適量

滾邊布　條紋斜紋布條3.5×40cm， 2片
裡布　印花布45×110cm
棉襯　45×110cm
Cosmo繡線　Multi Work 322的苔綠色（no.637）、胭脂色（no.225）、
原色（no.365）、咖啡色（no.369）

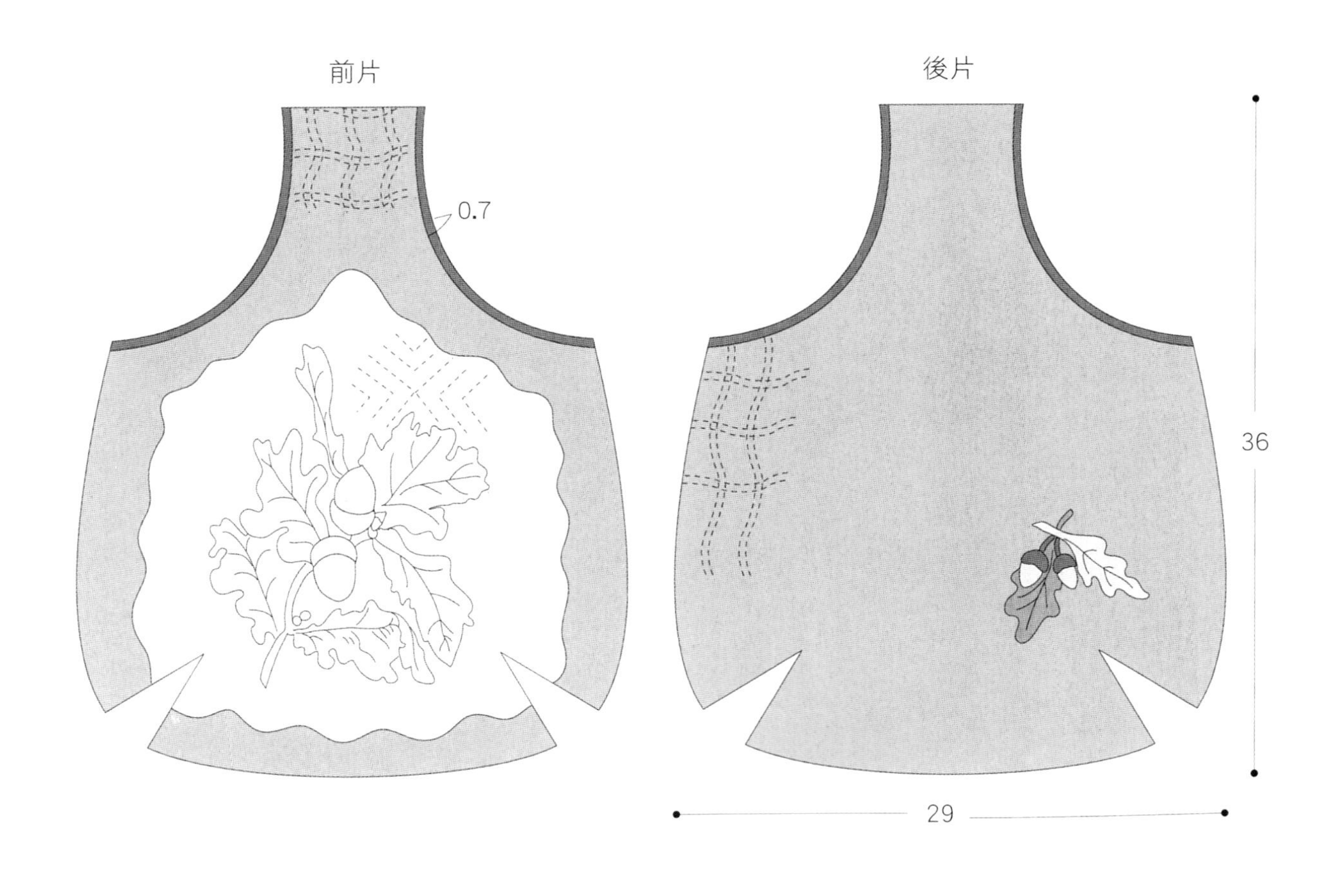

CHECKPOINTS

製作這款包包時，並不是在刺繡完成的布面上進行貼布繡，而是先將本體表布挖空，再將表布疊在刺繡布上。接著將本體布摺出完成尺寸，再於摺線邊緣進行刺繡。盡量使用小型刺繡框，作業會更加便利。

1

在基底布上，描繪刺繡及貼布繡的圖案。若沒有光桌等器材，可以將圖案貼在玻璃窗上，利用日光透視來繪製。繪製時，請選用2B鉛筆。

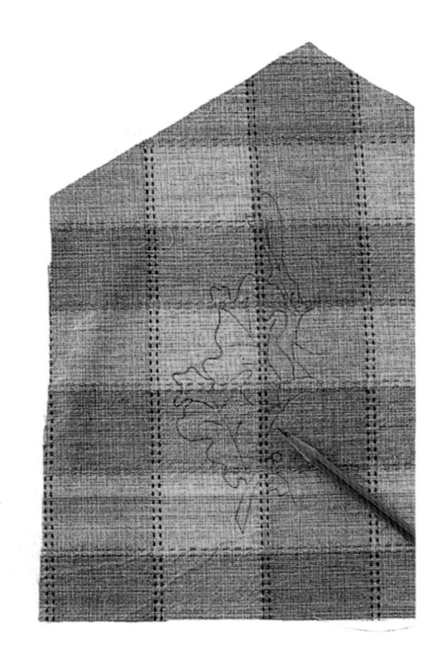

2

取2股繡線，以輪廓繡繡出葉子及樹木，葉脈部分則以一股線進行。刺繡時，請務必使用刺繡框來框住布面。選用小型繡框來作業會較便利。

3

刺繡完成。接著進行右側橡實的貼布繡。

4

以針尖一邊將貼布繡布料摺成完成尺寸，一邊以藏針縫固定（參閱P.10）。

5

再次使用刺繡框固定布面，並取一股繡線，在貼布繡布料邊緣進行輪廓繡。如此一來，就能強調出貼布繡的部分，使其更加醒目。

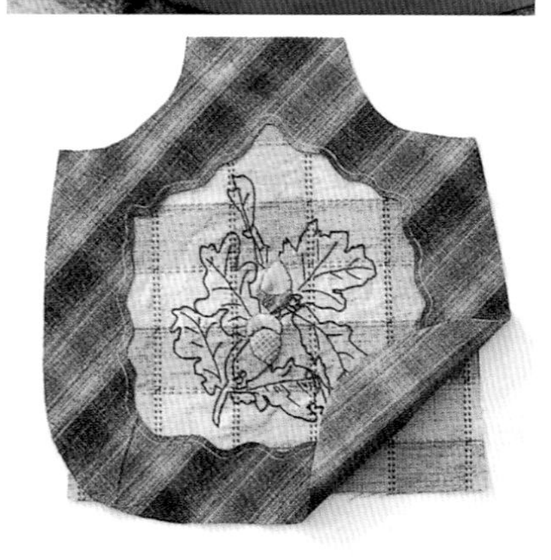

6

將已挖空的前側布疊在基底布上。

7

以疏縫固定住邊緣，一邊以針尖將前側布摺成完成尺寸，一邊以藏針縫固定（參閱P.10）。

8

藏針縫完成圖。

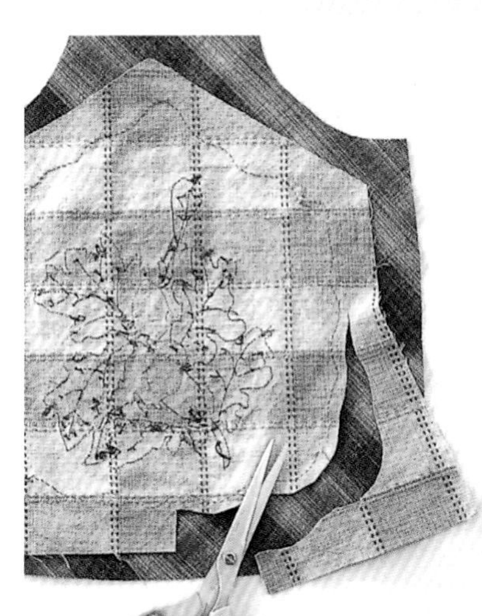

9

整理背面基底布的縫份。留下距離藏針縫外圍約0.7cm的寬度，剪去其餘部分。

10

取2股繡線，在基底布邊緣上進行羽毛繡，兩側則以法式結粒繡來作裝飾（參閱P.99）。

11

完成包包所需的2片表布。完成貼布繡後，再描繪壓線圖案。

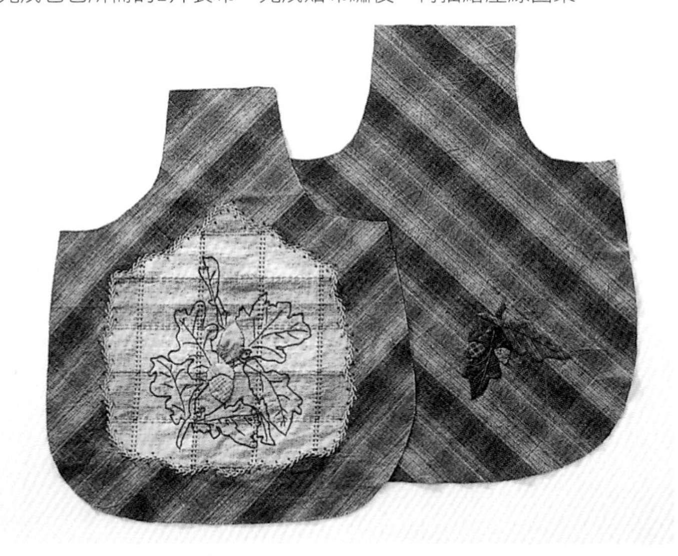

12

將葉子及橡實的貼布繡布料縫在後側表布上（參閱P.10）。

13

依序疊合裡布、棉襯及表布，先疏縫再進行壓線。壓線時，不要讓線蓋住繡線框的部分，要將其藏在布面底層。刺繡圖案中間可進行壓線處理，貼布繡部分則不作壓線處理。

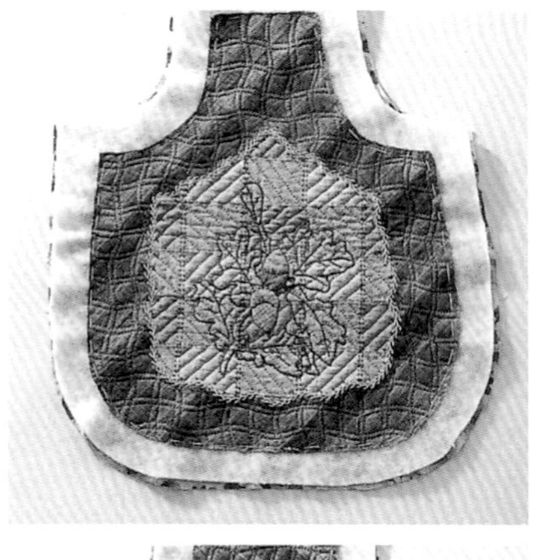

15

壓線以平針繡縫製，盡可能以細小針目進行。以1cm寬含3個針目為佳。

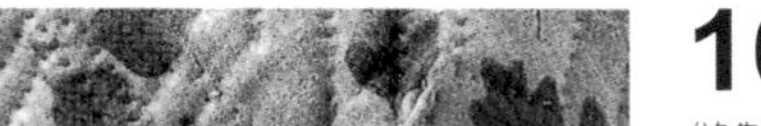

14

後側布也以相同作法進行壓線。

16

縫製前、後片的褶襉。熨壓縫份時，若全部都往同一方向熨壓，會讓布面變得太厚，因此前側布要往內側、後側布則往外側翻摺，如此交互方向進行熨壓。接著，將縫份以藏針縫固定在裡布上。

17

縫合前側及後側的提把上端。先將兩片正面相對疊合，以縫紉機車縫，再留下一片裡布的縫分，剪去多餘縫份，進行包捲處理（參閱P.36）。

18

以縫紉機車縫邊緣。

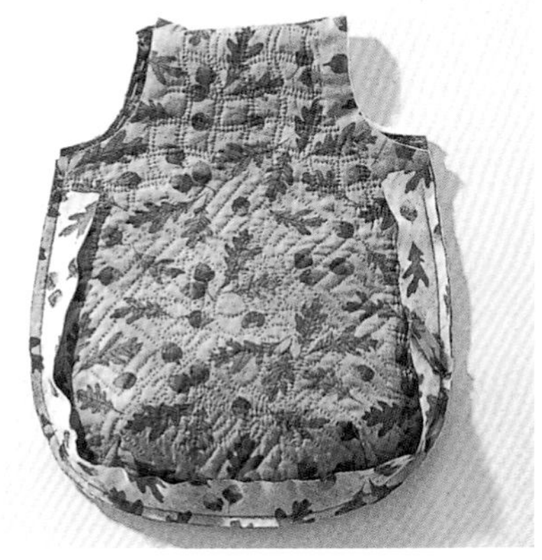

19

將縫份修剪成0.7cm寬，再準備一條與裡布相同花樣，寬2.5cm的斜紋布條包捲邊緣，縫製固定。

20

將斜紋布條翻回正面，再包捲住縫份，往單側方向熨壓後，以藏針縫固定。

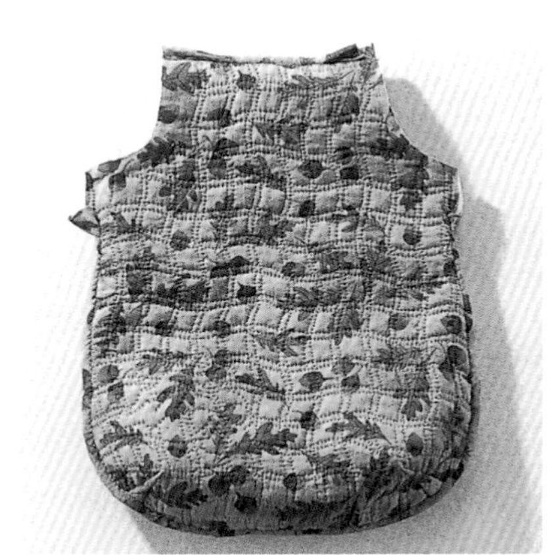

21

本體縫份處理完成。

22

將包包翻回正面，準備不同布料，寬3.5cm的斜紋布條，進行提把邊緣的滾邊處理（參閱P.54）。

Finish

包包製作完成。正面圖。

背面圖。

Lesson 6

Twig

樹枝貼布繡小物袋

MATERIALS 材料

表布

- 基底布　格紋布20×45cm
- 貼布繡布料　印花布、格紋布、條紋布等各適量
- 裝飾布　印花布15×20cm

裡布　印花布25×70cm

棉襯　25×70cm

拉鍊　16cm，1條

玻璃珠　直徑1.2cm，2顆

木珠　直徑0.5cm，2顆

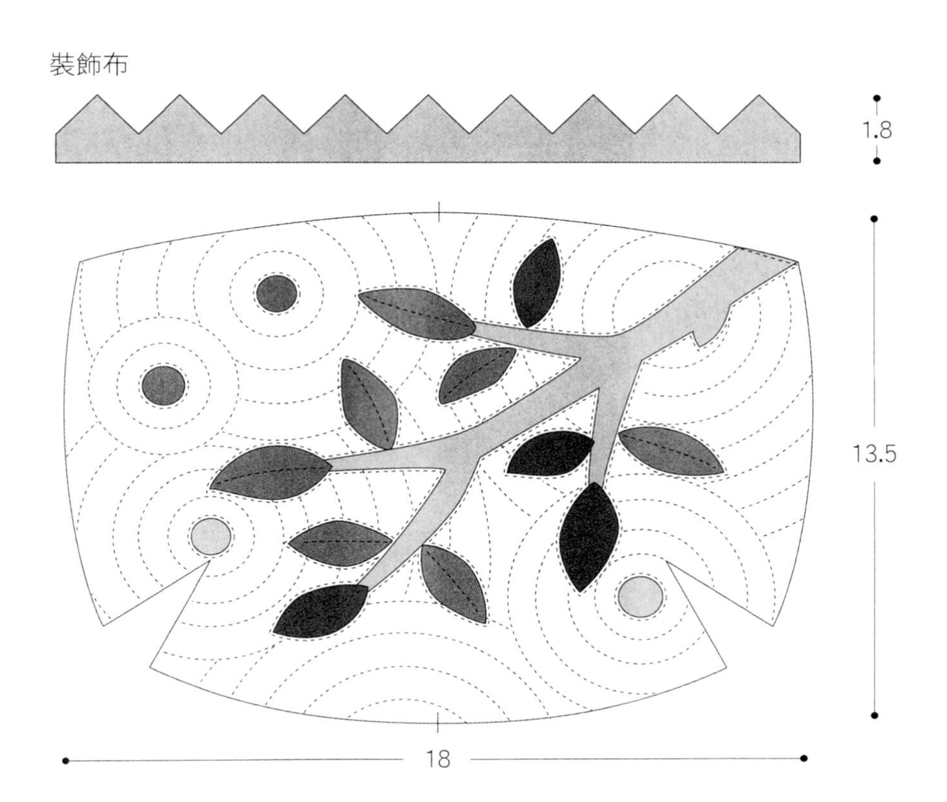

CHECKPOINTS

用於這一款拼布包的拉鍊，以金屬材質為佳。比起直接使用原本的拉鍊頭，若能以鉗子卸除拉鍊頭，再裝上替代的各式串珠等其他素材，會讓整體作品變得更時髦喔！

1

在基底布上進行貼布繡，要先從下方圖案的布片開始拼縫。進行貼布繡時，先在表側標示記號，再留0.3cm縫份。以珠針固定住樹枝部分，一邊將縫份往內摺成完成尺寸，一邊以藏針縫固定（參閱P.10）。

2

接著拼縫葉子及小圓布。

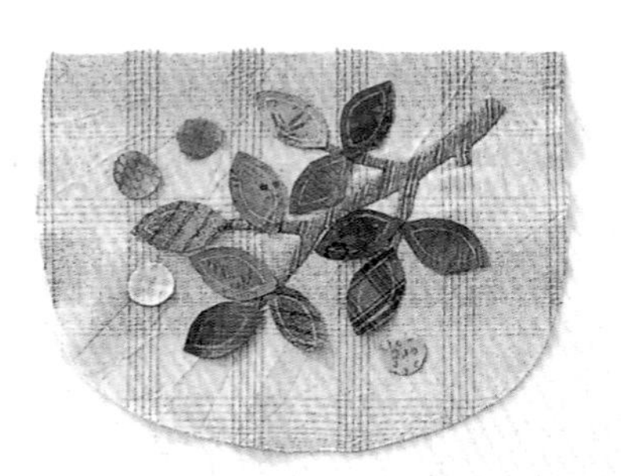

3

拼縫時，要以細小針目進行藏針縫（參閱P.10）。

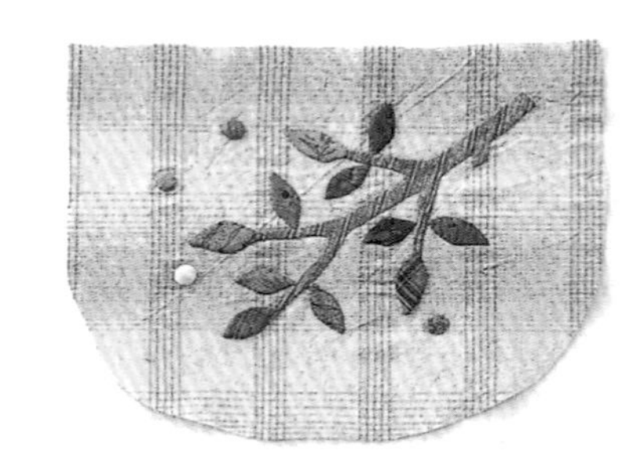

4

貼布繡製作完成。

5

準備小物袋所需的表布及拉鍊。

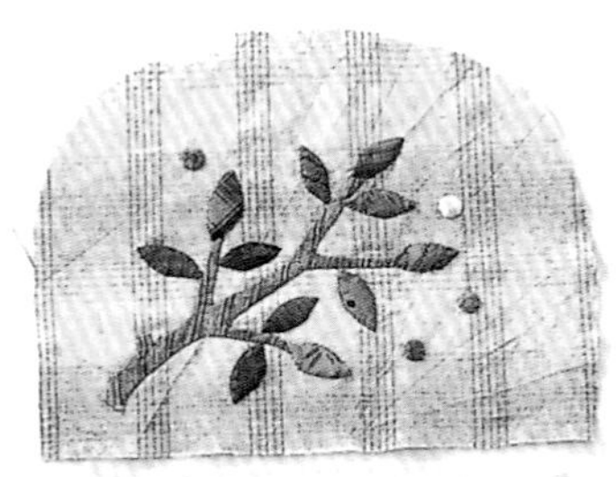

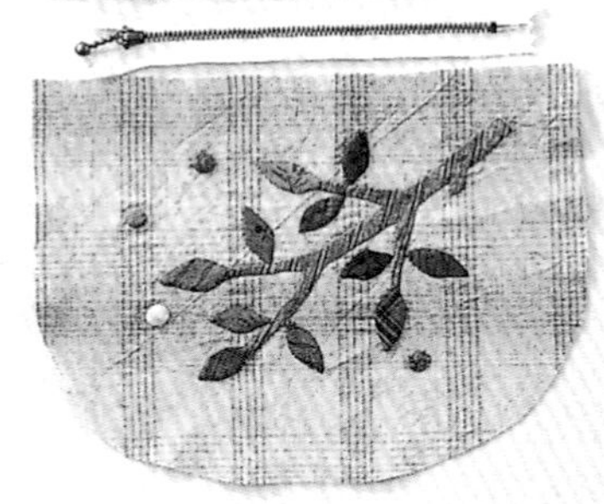

6

貼布繡完成後，先在表布上描繪壓線圖案，再依序疊合裡布、棉襯及表布，進行壓線處理。

7

製作袋口的裝飾部分。將兩片裝飾布正面相對疊合，如圖以縫紉機車縫山形圖樣。接著，在各個山谷處剪出牙口，再翻回正面，以熨斗燙整。

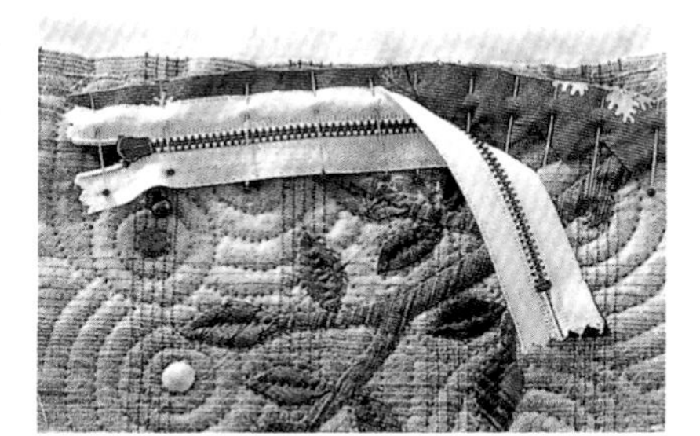

8

先以珠針將裝飾布固定在袋口處，再將拉鍊與裝飾布正面相對疊合，同樣用珠針固定起來。

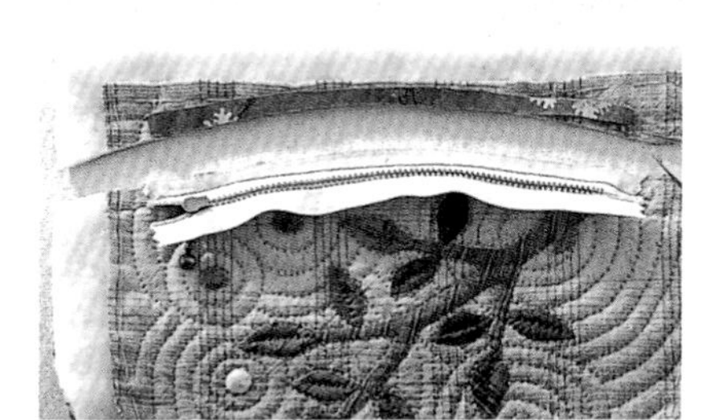

9

車縫後，將縫份修剪成0.7cm寬。

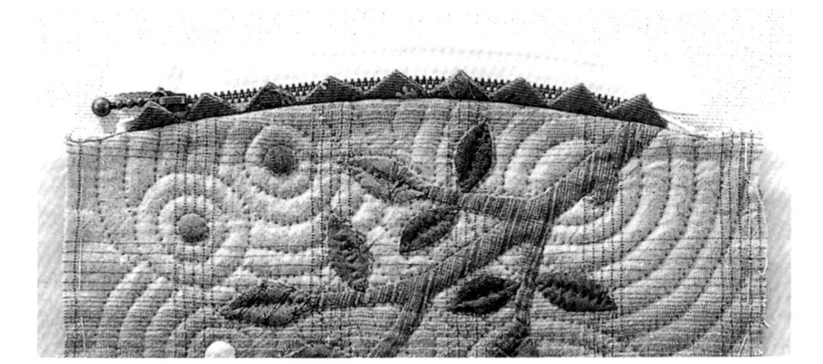

10

將拉鍊及裝飾布翻回正面，再將縫份往內側方向翻摺、熨壓。

11

將縫份塞入拉鍊布當中，再以藏針縫將邊緣縫合在裡布上。

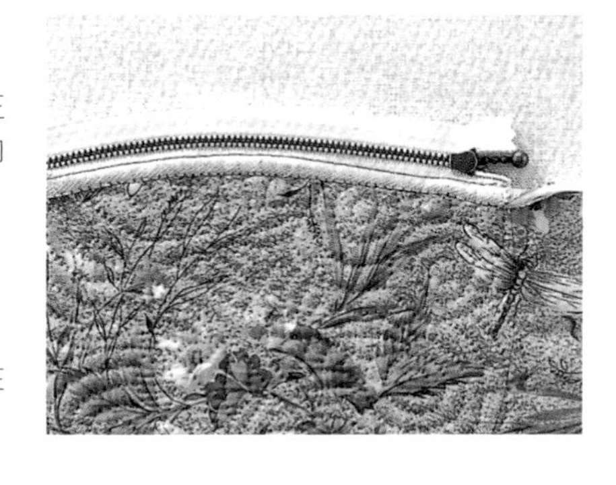

12

以相同方式組裝另一片裝飾布及拉鍊。

13

背面圖。

14

製作側邊部分。在前、後片上一共製作4處褶襉，以縫紉機車縫固定。

15

以不讓前、後片的側邊重疊為前提，將縫份交互往不同方向熨壓，再以藏針縫縫合在裡布上。

Finish

小物袋製作完成。正面圖。

背面圖。前片、後片花樣相同。

16

將前側布及後側布的正面相對疊合，車縫完成線。準備一條與裡布相同花樣，寬3.5cm的斜紋布條，將縫份包捲起來。

以鉗子拆下拉鍊原有的拉鍊頭，分別將一顆玻璃珠及一顆木珠串接成一組，如此作好兩組後，再組裝在拉鍊上。

17

完成後的內側圖。斜紋布條要沿著針目邊緣，以藏針縫加以固定。

Lesson 7

Whale

鯨魚貼布繡小物袋

MATERIALS 材料

表布
- 基底布　格紋布20×80cm、15×50cm
- 貼布繡布料　印花布、格紋布、條紋布等各適量
- 垂片布　條紋布、格紋布 各5×15cm

滾邊布　格紋及條紋斜紋布條3.5×20cm 各1片
裡布　印布花35×45cm
棉襯　35×45cm
厚布襯　5×6cm
蠟線（串珠用）　粗0.2cm，長5cm，1條
拉鍊　11cm，1條
木珠　直徑1.2cm，1顆
Cosmo繡線　Multi Work 322的炭灰色（no.895）

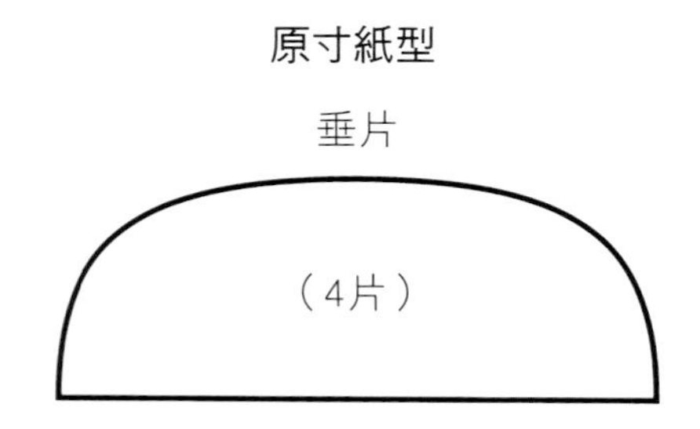

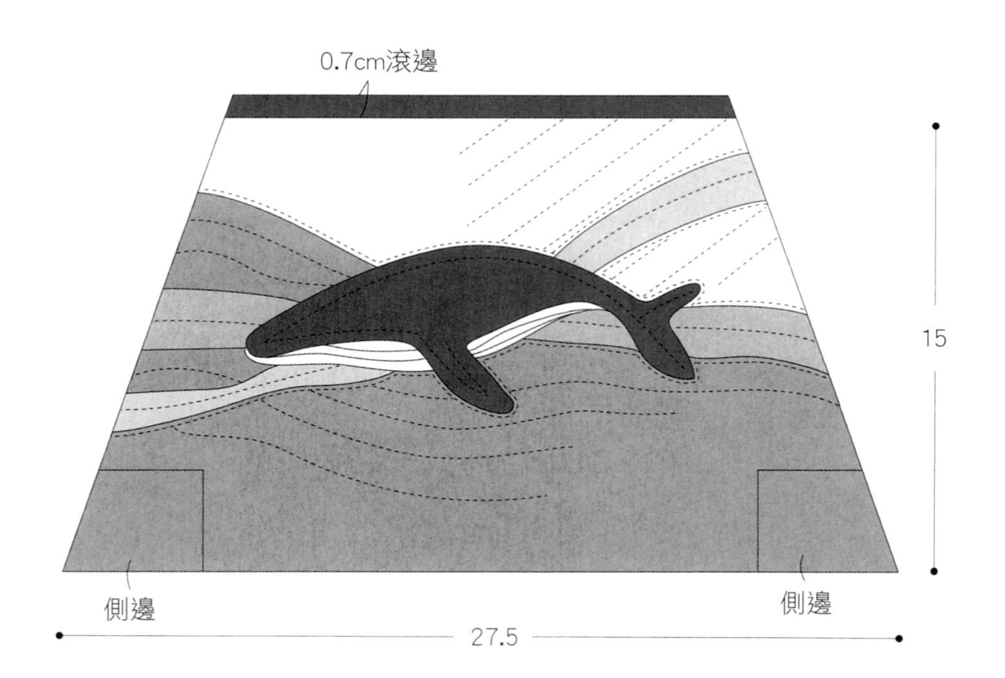

CHECKPOINTS
縫製貼布繡時，若是會被其他布片覆蓋的布片，就不需要摺縫份，直接以疏縫固定起來即可。而垂片等希望能夠較為堅固的部分，就貼上厚布襯加以補強。

1

準備2片基底布及貼布繡布料。由於前、後片的花樣相同，因此要再準備相同的一組布料。

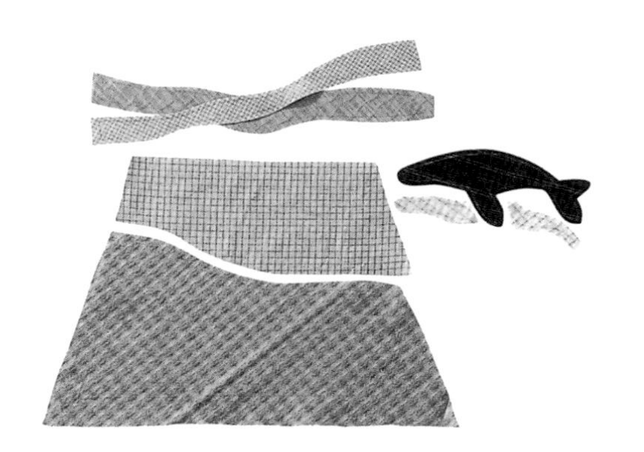

2

在貼布繡布料上標示記號。貼布拼縫是在布料的正面畫記。先將2B鉛筆削尖，再沿著紙型的邊緣進行描繪。在深色布料上描繪時，使用白色粉土筆，並且留出0.3cm的縫份。

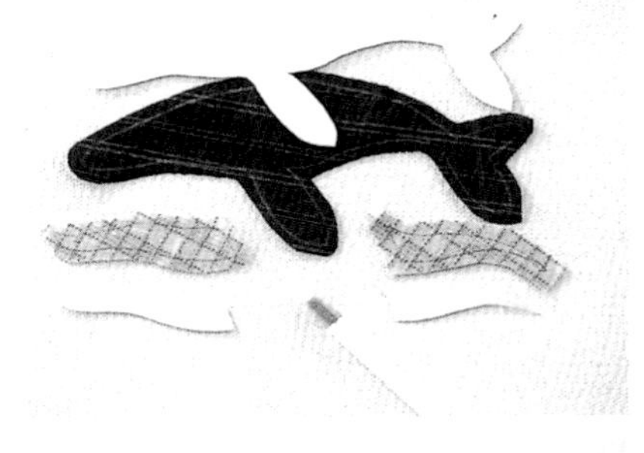

3

將基底布上下接合起來。由於左半邊不作貼布繡，因此必須摺成完成尺寸，而右半邊則是直接疊合後，以疏縫固定即可。

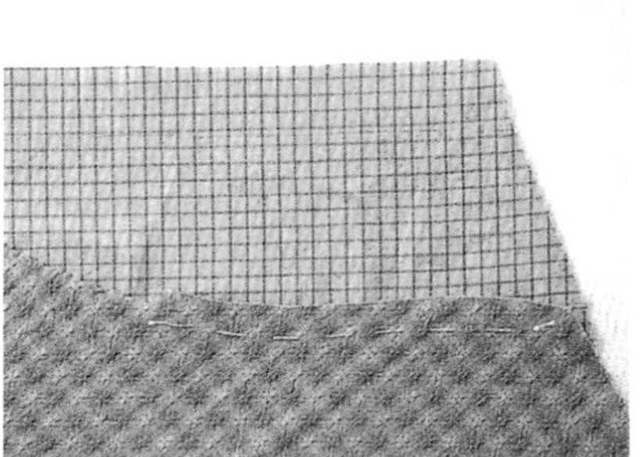

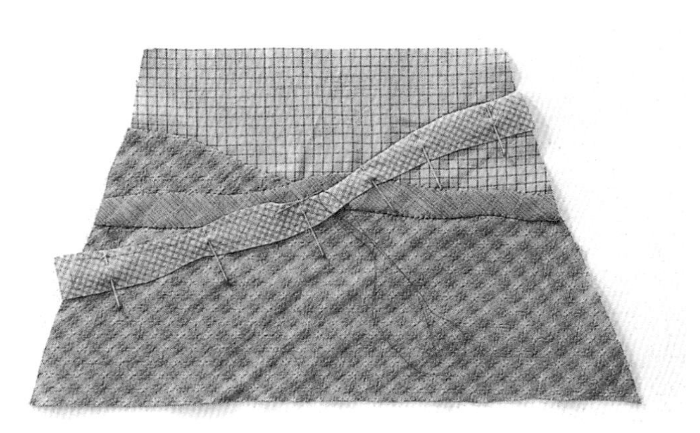

4

疊上貼布繡布料，用藏針縫加以縫合。先以珠針固定貼布繡布料，再以針尖一邊將貼布繡布料往內摺成完成尺寸，一邊以藏針縫固定（參閱P.10）。

5

同樣以藏針縫將鯨魚的腹部及本體縫製固定。

6

貼布繡完成圖。

7

取1股繡線，在鯨魚的腹部進行回針縫。

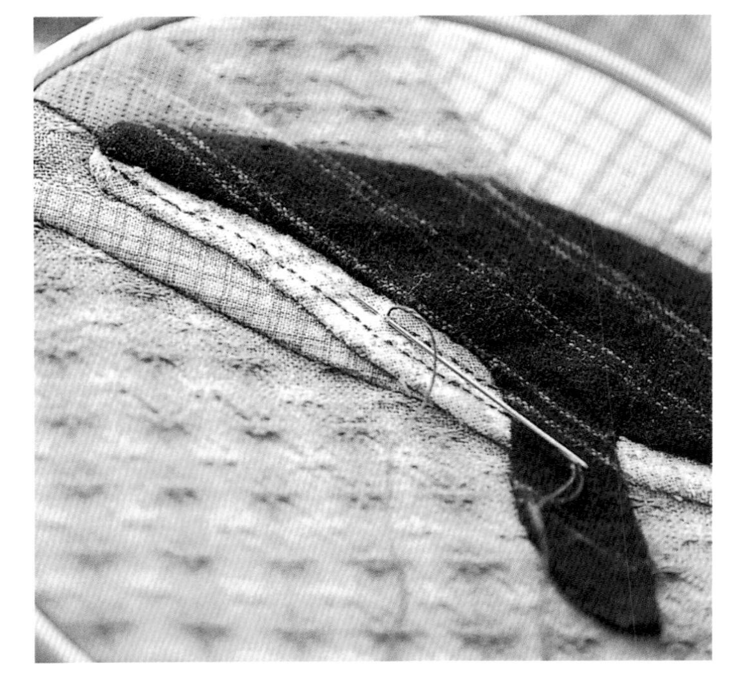

8

前側及後側表布製作完成。將拉鍊縫在袋口處。

9

以2B鉛筆在表布上描繪壓線圖案，依序疊合裡布、棉襯、表布，疏縫後再進行壓線處理。

10

以與袋口不同花樣，寬3.5cm的斜紋布條包捲袋口，進行滾邊處理。將斜紋布條的正面相對疊合，以縫紉機加以車縫固定。

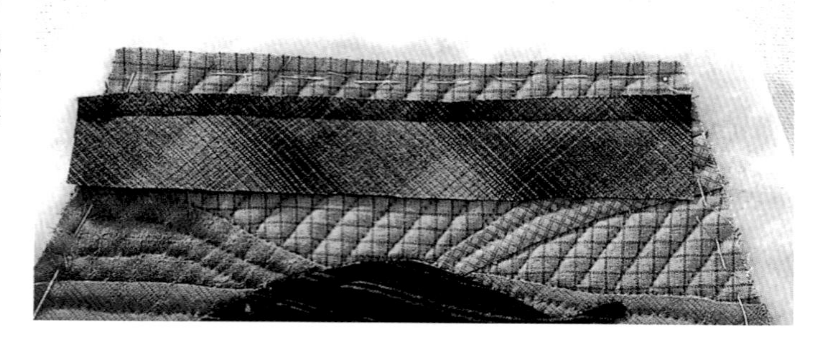

11

其餘縫份都修剪成0.7cm的寬度。

12

將斜紋布條翻回正面，包捲縫份之後，以珠針暫時固定。接著，再以細針目的藏針縫縫合。

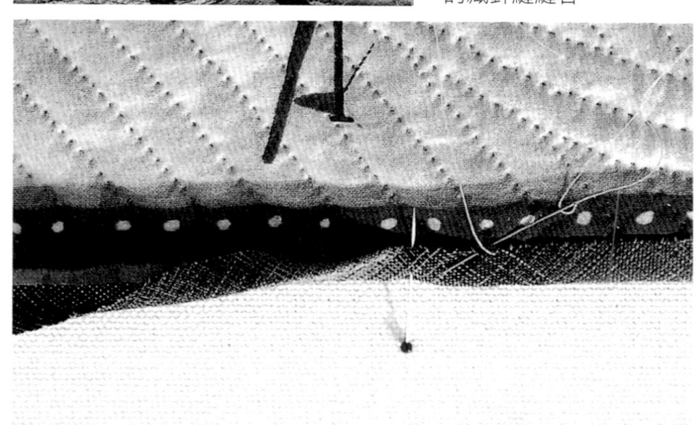

13

前、後片的滾邊完成。在此使用了2種布料來製作斜紋布條。

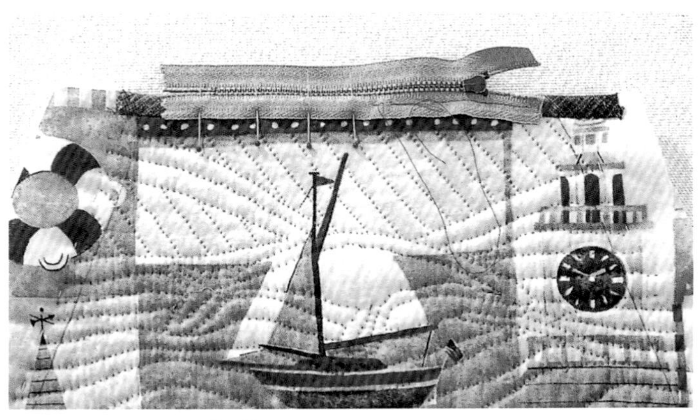

14

將拉鍊組裝在袋口處。先將拉鍊墊在背面，讓滾邊上端與鍊齒邊緣對齊，再以珠針固定。

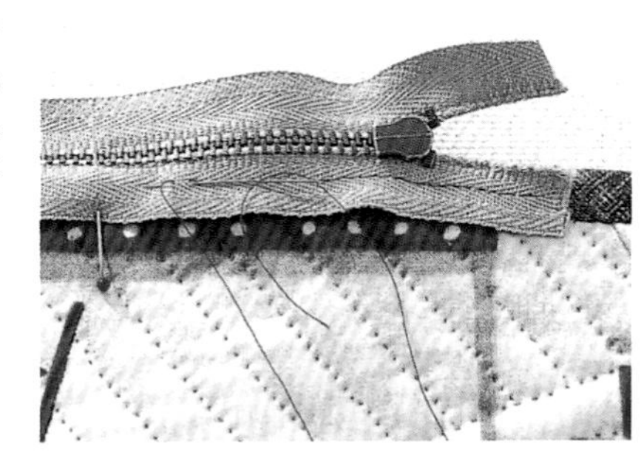

15

為了不影響到作品正面，在此以全回針縫來縫製拉鍊，拉鍊布的兩端則以藏針縫來固定。

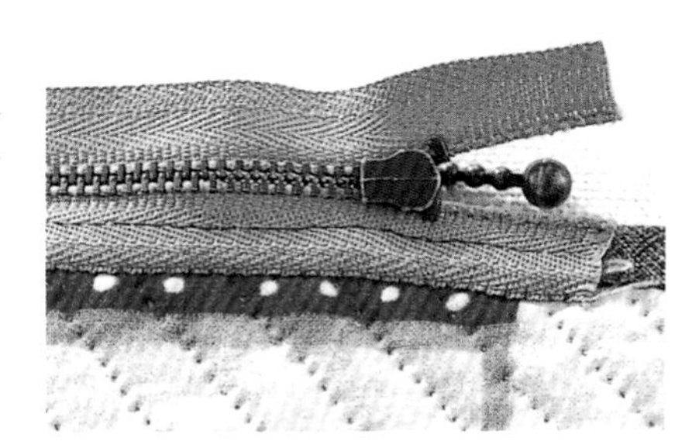

16

拉鍊組裝完成後，如圖所示。裡側。

17

表布。

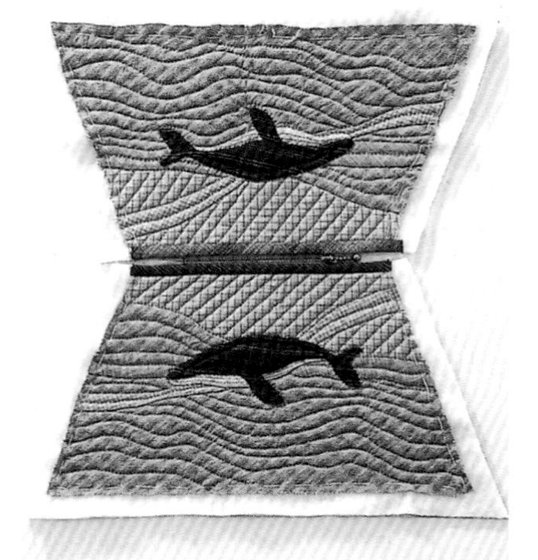

18

後側布也是以同樣方式進行滾邊處理，再以藏針縫來組裝拉鍊。

19

如圖，為了不讓拉鍊布露出，務必要將鍊齒及滾邊布邊緣確實貼緊、對齊。

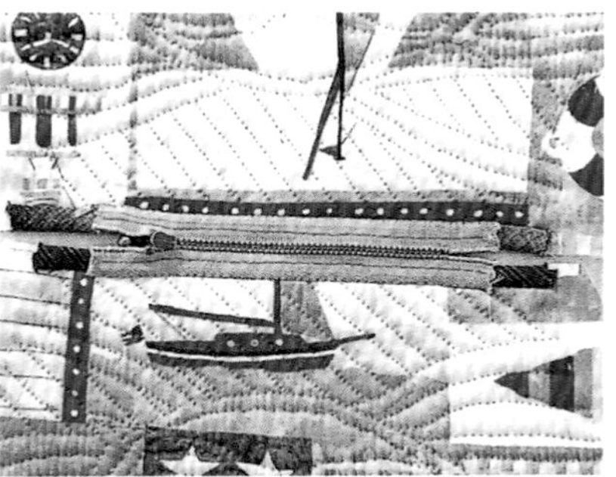

20

裡側。

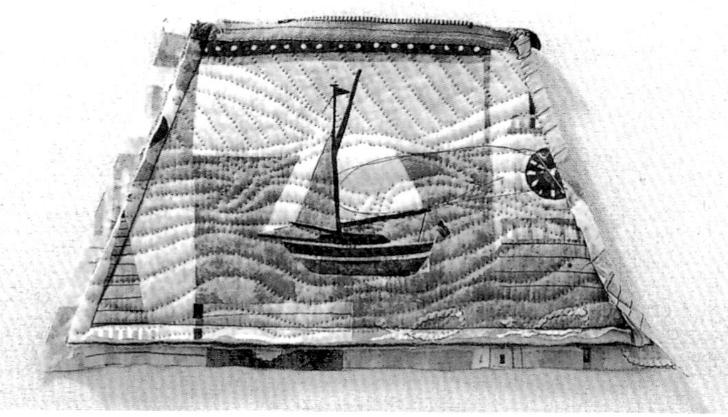

21

車縫本體邊緣。將本體正面相對疊合，車縫固定。

22

留下一側的裡布，將縫份都修剪成0.7cm。把縫份包捲起來後，往本體方向翻摺，再以細針目的藏針縫固定布邊。

23

側邊的兩角不需藏針縫，直接略過。

24

抓出側邊寬度，直接車縫固定。

25

疊上一條寬2.5cm，與裡布相同花樣的斜紋布條，以車縫固定上一步驟的側邊車縫線。多餘縫份修剪成0.7cm。

26

包捲縫份後，再以細針目的藏針縫，將其縫製在底側上。

27

製作垂片。首先，準備兩片垂片布及棉襯。將裁剪完成的厚布襯貼在裡側垂片的背面。將2片垂片的正面相對疊合，再疊上棉襯，先車縫記號之間的部分，再沿著針目的邊緣修剪棉襯，將縫份往內翻摺。

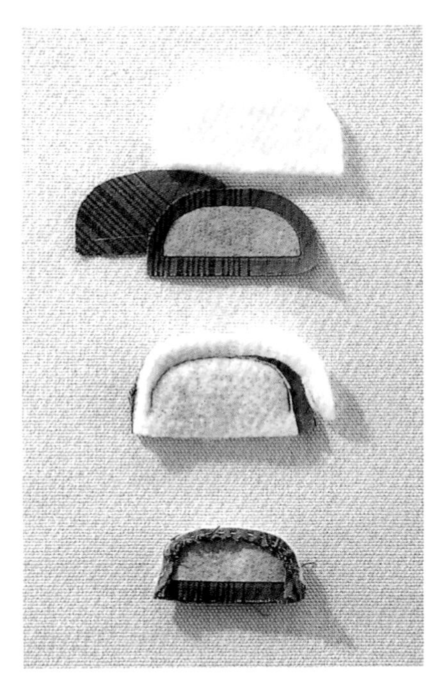

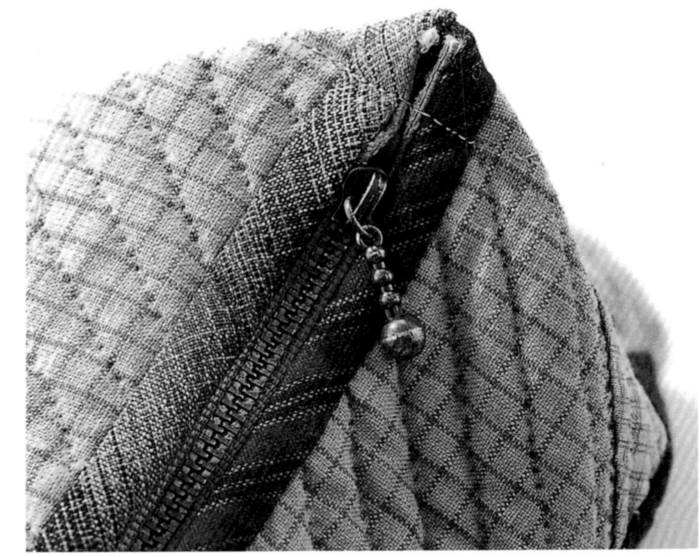

28

翻回正面，整理形狀。以不同花樣的布料，再製作一片相同的垂片。

29

車縫兩端的垂片組裝位置，並將所有縫份都修剪成0.7cm的寬度。

30

將垂片的縫份摺成完成尺寸，覆蓋住針目後，以疏縫線暫時固定。先以細小的針目進行一圈藏針縫，再以縫紉機車縫垂片上距離邊緣0.5cm處一圈。

Finish

兩端的垂片組裝完成。接著，卸下拉鍊原本的拉鍊頭，將木珠組裝上去。

Lesson 8

Dog Patchwork

狗狗拼縫迷你包

MATERIALS 材料

表布
- 後側布、上蓋布　印花布、格紋布、條紋布等各適量
- 前側布　網目明顯的薄紗15×35cm
- 底布　圓點布15×20cm

裡布
- 後側布、上蓋布、底布　格紋布35×20cm
- 前側布　網目細小的薄紗15×35cm
- 口袋布　格紋斜紋布條10×15cm

棉襯　35×20cm
滾邊布　格紋斜紋布條3.5×90cm
尼龍帶（提把用）2×18cm
蠟線（串珠用）　粗0.1cm、長30cm 1條
拉鍊　29.5cm 1條
木珠　小狗串珠1顆、圓珠直徑0.6cm 12顆、
　　　長形圓珠2cm 1顆
Cosmo繡線　Multi Work 322的黑色（no.600）

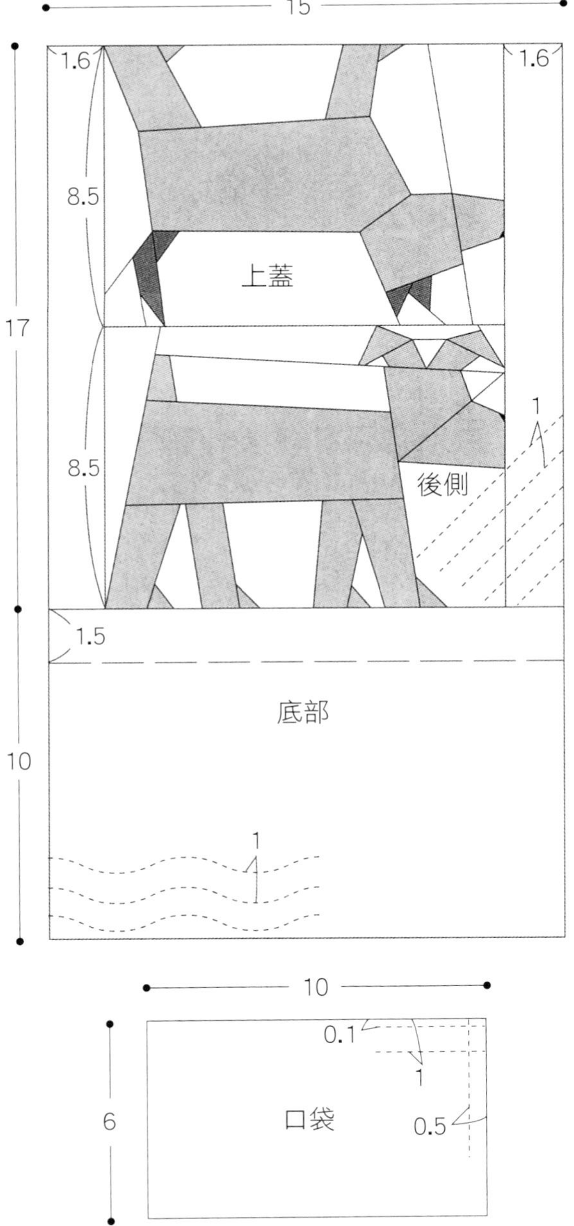

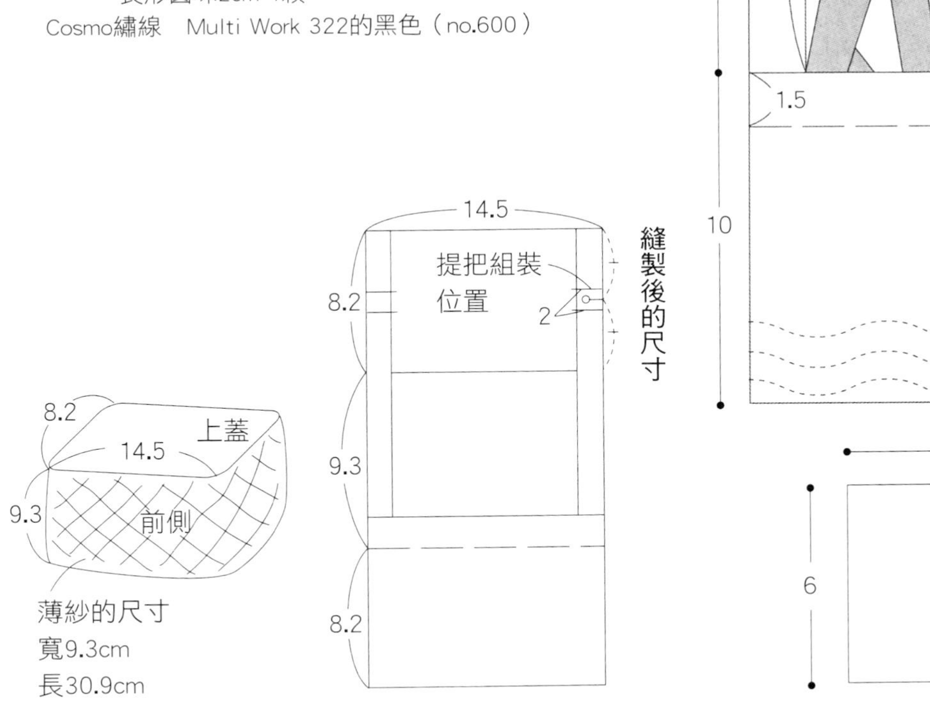

CHECKPOINTS

以小布片拼縫圖案時，首先要簡單地描繪圖案，再嵌入四角形布片，在考慮各布片接合線的情況下，一邊加入布片一邊整理。而前側的薄紗，請在縫製完成後，測量本體的尺寸後再進行剪裁。上方所標示的尺寸均為參考數據。

1

這並不是貼布繡，而是以小塊布片拼縫成圖案的一種作法。由於細小布片都剪開了，因此可依據接合的順序，在紙型和布片背面分別標上數字。

2

首先，將布片分成各個區塊逐一縫合。為了凸顯小狗圖案，可在縫份外側壓出褶線（參閱P.26），再往小狗圖案的方向翻摺、熨壓。

3

接合所有區塊。縫份的熨壓方式與步驟 2 相同。

4

背面圖。

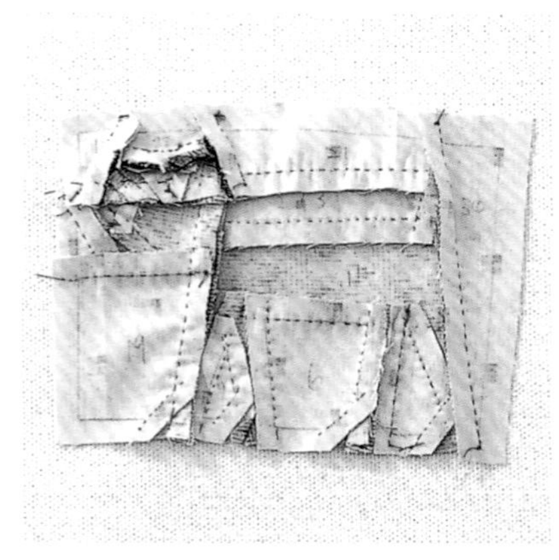

5

另一組區塊也以相同的方式進行拼縫。

6

取1股繡線，在狗狗鼻頭處進行緞面繡。

7

車縫後側及上蓋，再接合側邊布條，最後與底部接縫起來。

8

圖中是迷你包所需的表布及材料。從左上方開始，是表布、網狀布料、拉鍊，以及提把用尼龍帶。最底下是薄紗，與網狀布料疊合後使用。

9

以2B鉛筆在表布上描繪壓線圖案，再疊合裡布、棉襯及表布，進行壓線。

10

製作前片。由於網狀布料孔隙較大，所以要在其下方墊一張薄紗，以縫紉機車縫邊緣一圈固定。

11

將拉鍊組裝在上端。先將拉鍊與網布正面相對疊合，再進行車縫。

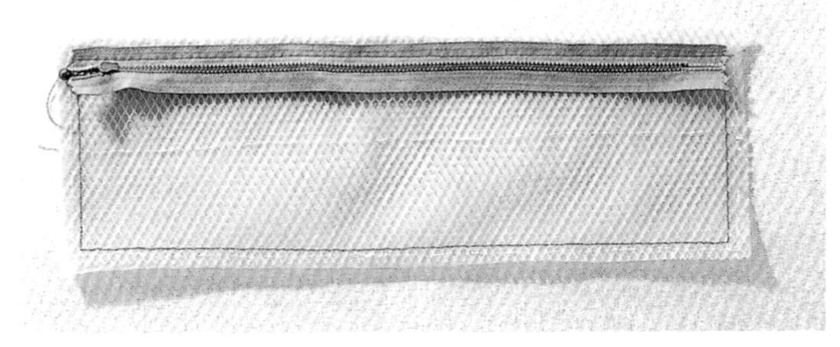

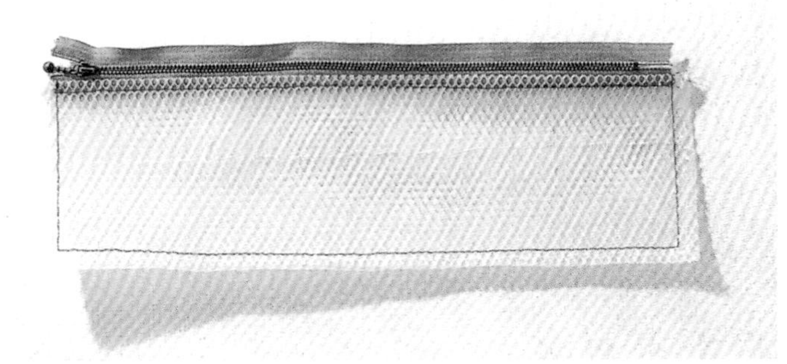

12

翻起拉鍊，在拉鍊邊緣車一道臨邊線，固定在本體上。

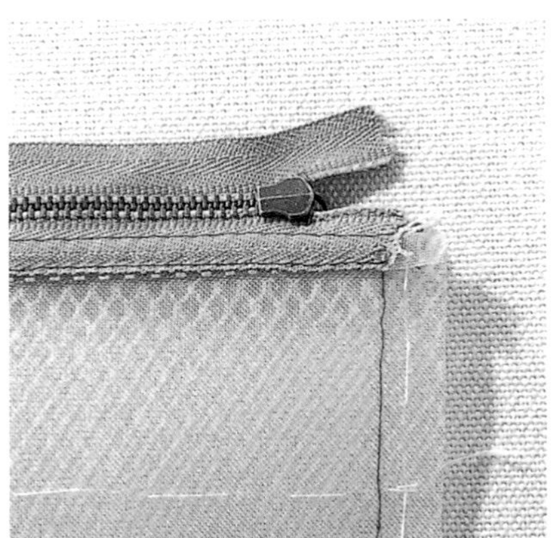

13

為了不讓本體縫份的長度超過拉鍊布，可先稍加修剪，再藏入拉鍊布下方。

14

將與斜紋布條相同花樣的口袋布，縫在本體背面上。先將口袋口往內摺三摺後，車縫固定。邊緣處亦往內摺疊至完成尺寸，車縫後再以細針目的藏針縫縫製在本體上。

15

將前片組裝在上蓋上。提把要事先縫在上蓋表側。由於組裝後必須帶有立體感，因此要確實進行疏縫固定在拉鍊布上，再進行車縫。

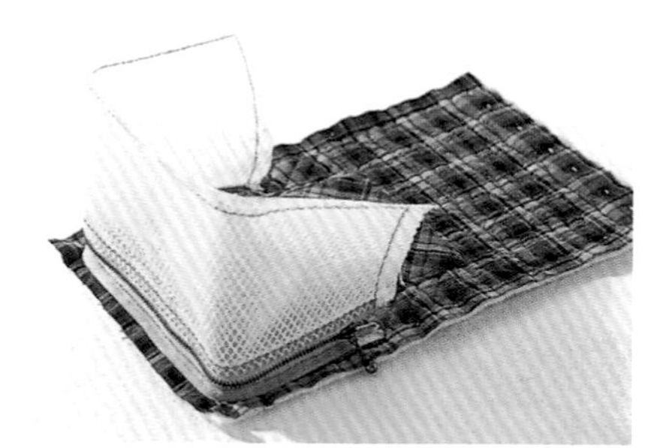

16

兩側也以疏縫固定，車縫記號之間的部分。

17

最後，車縫整體底部邊緣記號之間的部分。

18

準備一條不同花樣，寬3.5cm的斜紋布條，進行縫份的滾邊處理（參閱P.37）。

19

如圖串起圓珠、長形圓珠及小狗串珠，製作成拉鍊吊飾。

Finish

迷你包製作完成。前側圖。

後側圖。

Lesson 9

Square

隨心所欲四方形貼布繡小提袋

MATERIALS 材料

表布

前側布、後側布　格紋布35×60cm
貼布繡布料　印花布、格紋布、素色布等各適量
袋蓋布　25×25cm
垂片布　格紋布2種，各5×5cm

滾邊布　條紋斜紋布條3.5×50cm

裡布

前側、後側、袋蓋、口袋布　格紋布50×110cm

提把垂片布　格紋斜紋布條4.5×5cm
棉襯　50×110cm
厚布襯　5×20cm
薄布襯　少許
Cosmo繡線　麻線的苔綠色（no.5）、原色（no.17）、粉紅色（no.22）
拉鍊　13.5cm，1條
磁釦　直徑1.4cm，1組
皮製提把　1條

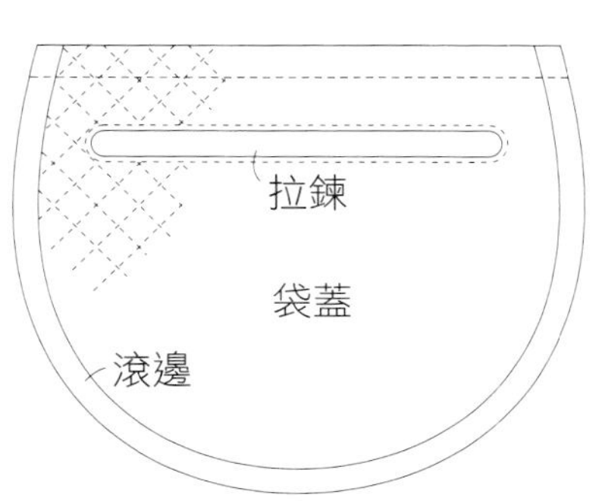

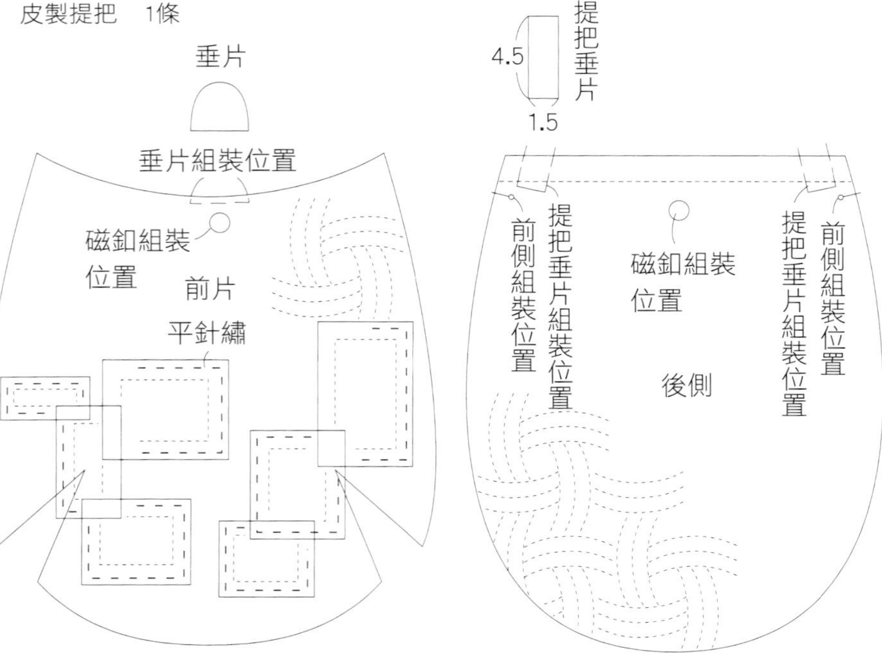

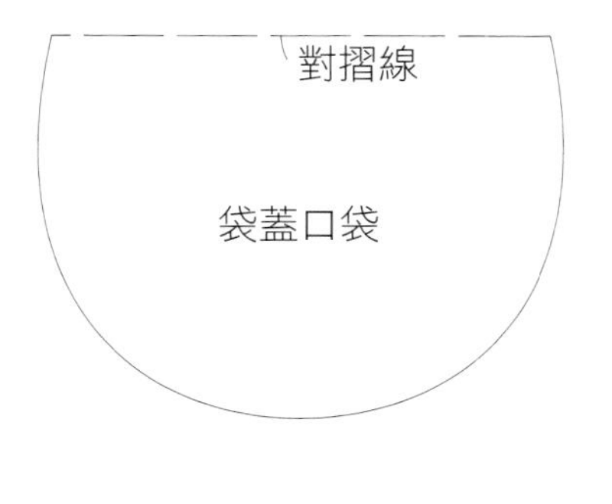

CHECKPOINTS

這款包包的袋蓋上，別具巧思地設計了一個附有拉鍊的口袋，使用起來十分方便。正面的袋蓋要先進行壓線，再剪出拉鍊口，先縫一塊作為裡側中袋的口袋布，疏縫後再覆上一塊袋蓋布，縫製固定。

1

以骨筆將貼布繡布料摺成四角形。如果沒有骨筆，以熨斗熨壓亦可。貼布繡布料摺疊成完成尺寸後，再以藏針縫來縫製固定（參閱P.10）。

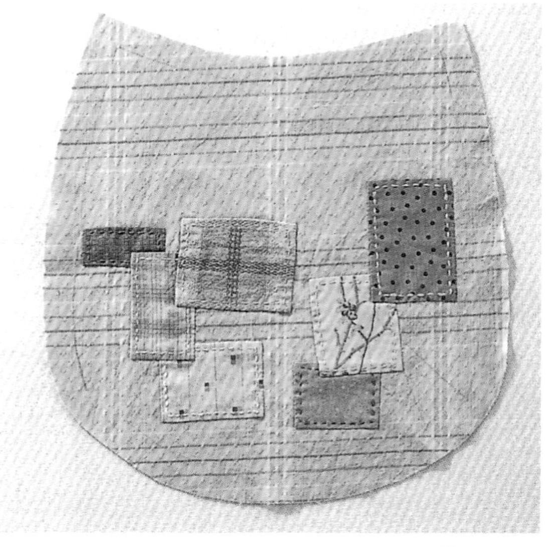

2

以此方式將喜歡的布料、圖案都摺成適當大小的四角形，隨意拼縫。

3

取1股麻線，在貼布繡布料的周圍進行平針繡，作為裝飾。

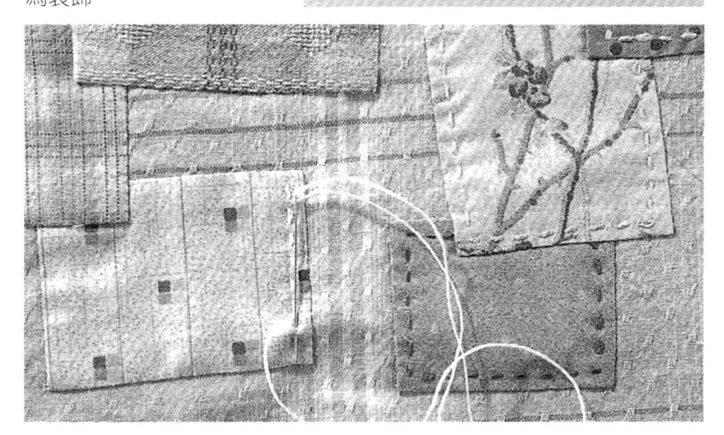

4

前片表布拼縫完成。

5

圖中是製作包包表布及所需材料。由左至右為後側布、前側布、袋蓋布、拉鍊、皮製提把。

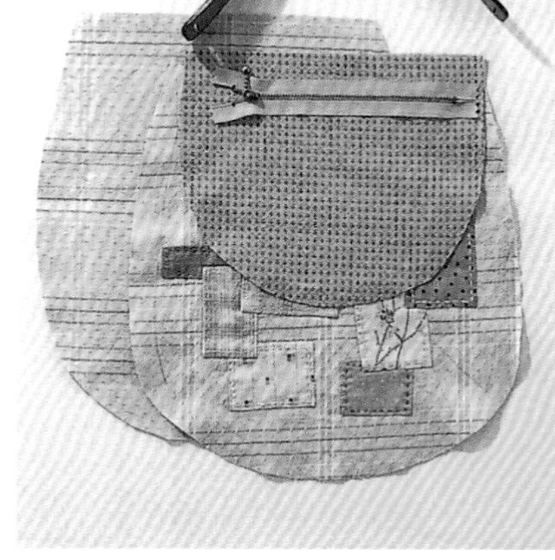

6

在表布上描繪壓線圖案，依序疊合裡布、棉襯、表布，疏縫後再進行壓線。

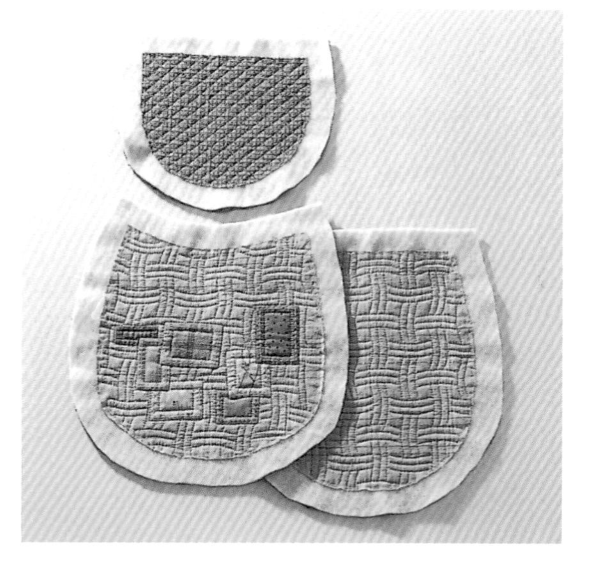

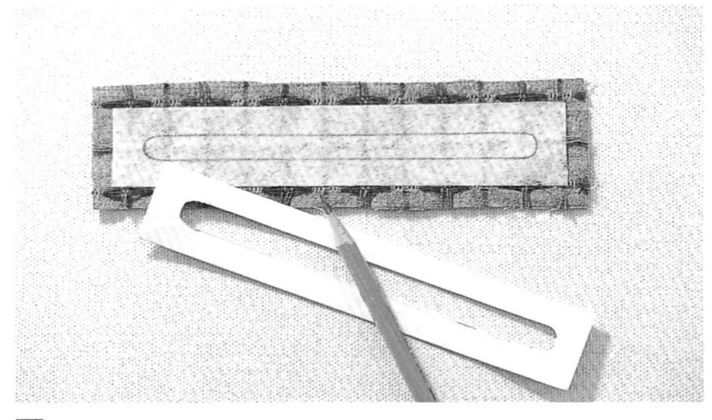

7

處理袋蓋上附有拉鍊的口袋。首先，將厚布襯貼在拉鍊口布的背面，再於布面上標示拉鍊口的記號。

8

將口布摺疊成完成尺寸，疊在袋蓋正面後，再車縫拉鍊口四周。最後剪出拉鍊開口。

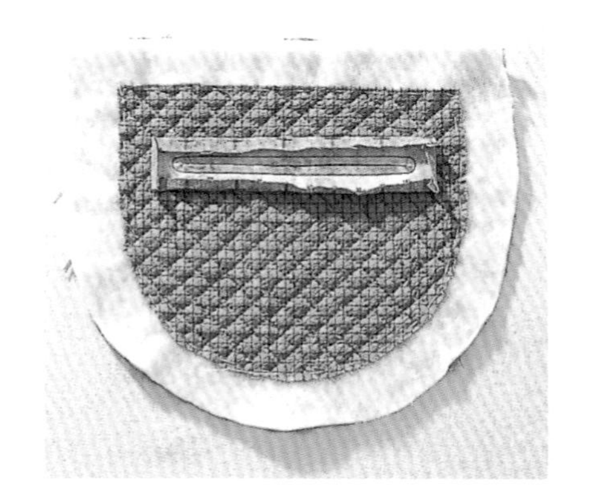

9

拉鍊口的兩端角落處，往內剪出四個牙口，均剪至緊貼車縫線。

10

將口布往內側拉出，整理形狀，以珠針加以固定。再以立針縫縫製墊布邊緣。

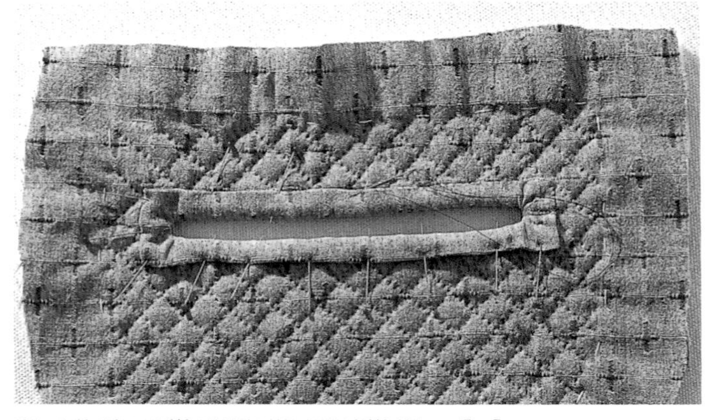

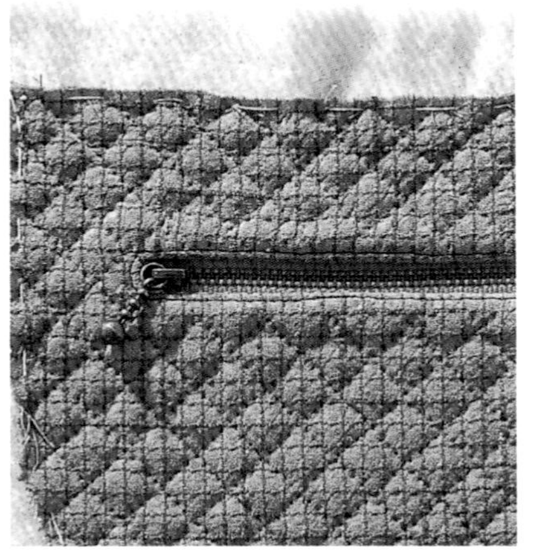

11

將拉鍊墊在裡側下方，從正面開始，以縫紉機車縫拉鍊口的邊緣線，將其組裝起來。

12

以立針縫將拉鍊布的兩端組裝在裡布上。先將口袋布上側往內對摺後，疊在拉鍊布上，以疏縫固定邊緣，再以細針目的立針縫固定在裡布上。

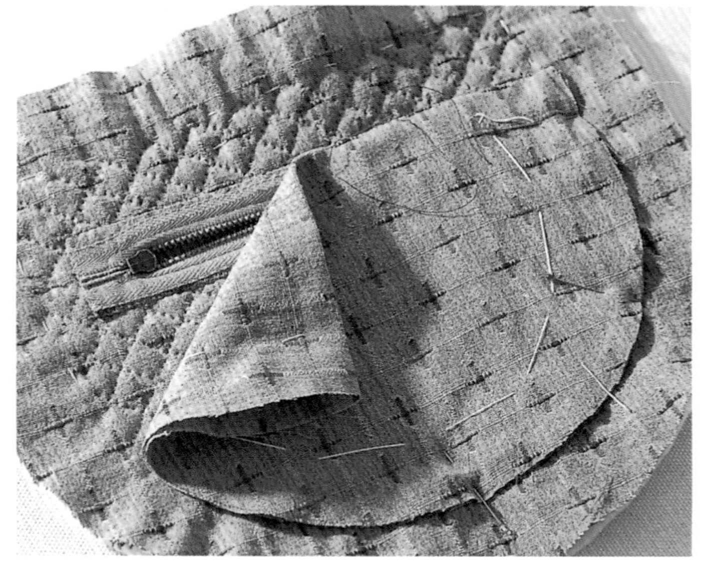

13

縫製袋蓋邊緣的滾邊。將條紋圖樣、寬3.5cm的斜紋布條與袋蓋正面相對疊合，以縫紉機車縫在完成位置上。

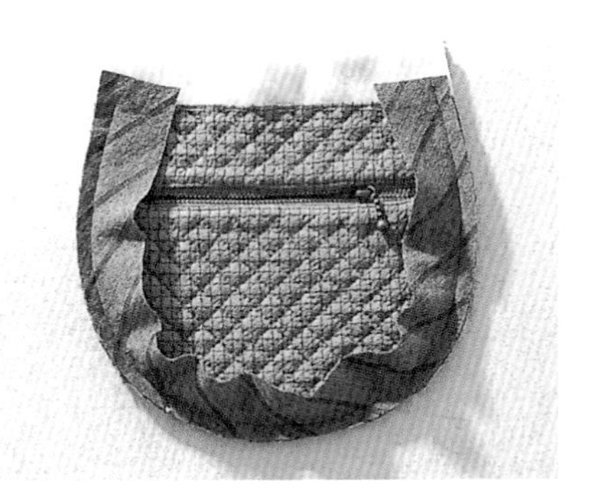

14

將斜紋布條翻回正面，包捲縫份後，以藏針縫固定在裡布上。

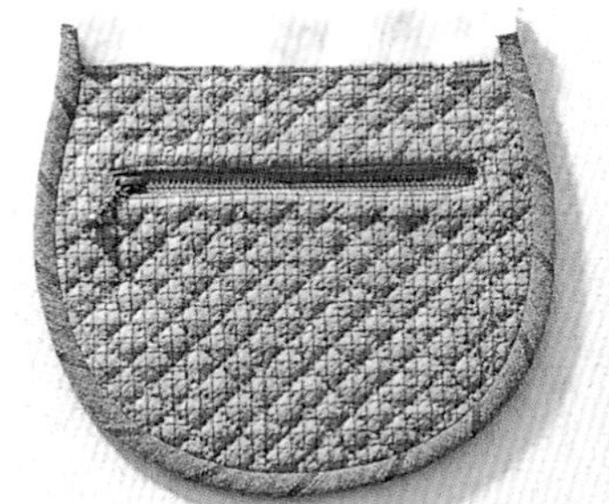

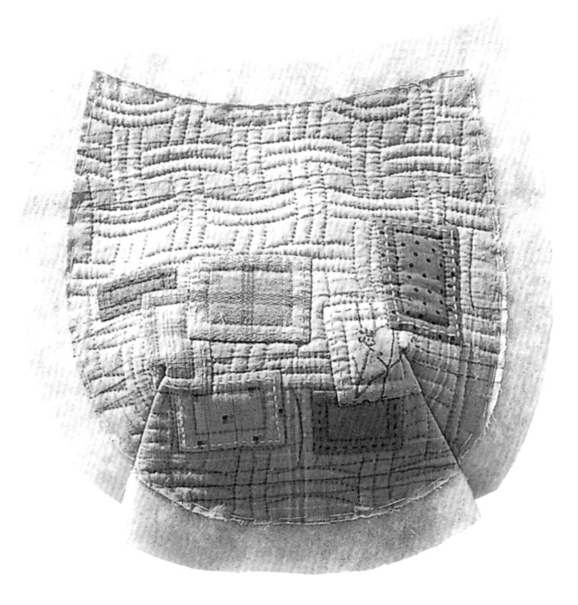

15

以縫紉機車縫出前側本體的褶襉。

16

將褶襉往內側翻摺、熨壓，再以藏針縫固定在裡布上。

17
製作前側的垂片。首先準備2片花樣不同的垂片布及棉襯，疊合後車縫在一起，再沿著車縫線剪去多餘的棉襯，翻回正面。接著，在距離邊緣約0.5cm處車縫。

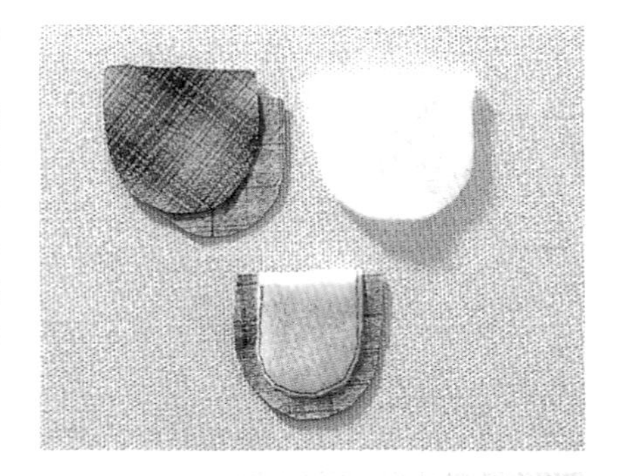

18
以珠針將垂片固定在前側布上，再準備1片與裡布相同花樣、寬2.5cm的斜紋布條，疊在完成位置上。

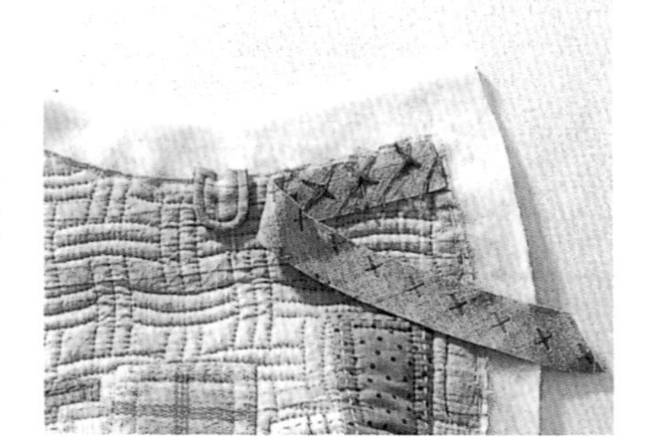

19
以縫紉機車縫完成位置。

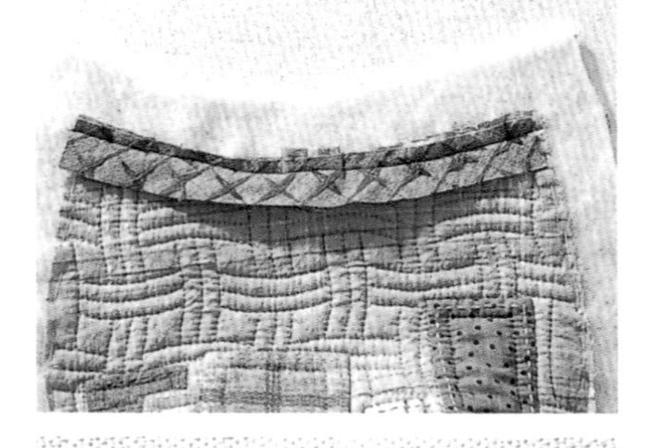

20
將縫份修剪成0.7cm，再以斜紋布條包捲縫份後，以立針縫固定。

21
前側上端縫製完成。

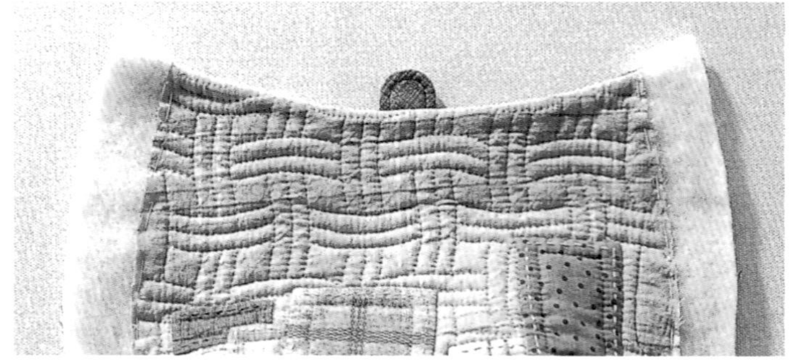

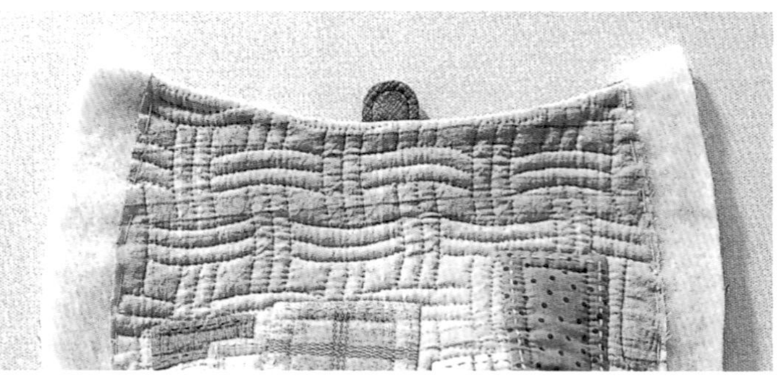

22
將前側及後側正面相對疊合，車縫邊緣一圈。

23
準備一片與裡布花樣相同，寬2.5cm的斜紋布條，將後側兩端包捲起來縫製固定（參閱P.37）。

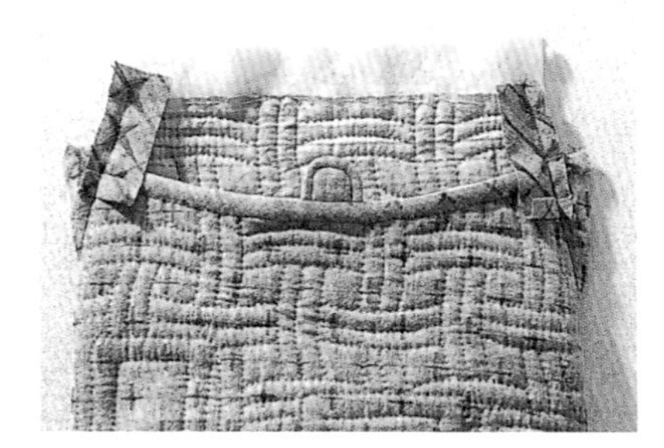

24
將磁釦組裝在前側內面及後側內面。磁釦及釦板之間夾入1片直徑3cm的裡布，再以裡布包捲磁釦。

25
將袋蓋組裝在本體上。先將後側及袋蓋正面相對疊合，進行車縫後，再將縫份修剪成1cm的寬度。

26

將袋蓋翻回正面，車縫距離上端1.5cm處。接著，將提把垂片布組裝在後側（參閱P.31）。

27

穿過皮製提把，以藏針縫固定在後側上。

Finish

包包製作完成。前側。

後側。

內側。

Lesson 10

Tree

小樹刺繡筆袋

MATERIALS 材料

表布　印花布、格紋布、條紋布等各適量
裡布　印布花25×35cm
提把布　格紋布4.5×10cm各4片
滾邊布　印布花3×20cm
棉襯　25×35cm
蠟線（串珠用）　粗0.2cm、長12cm 1條
拉鍊　14.5cm 1條
木珠　直徑1cm圓珠1顆
Cosmo繡線　Multi Work 322的綠色（no.634）、咖啡色（no.310）、胭脂色（no.2241）

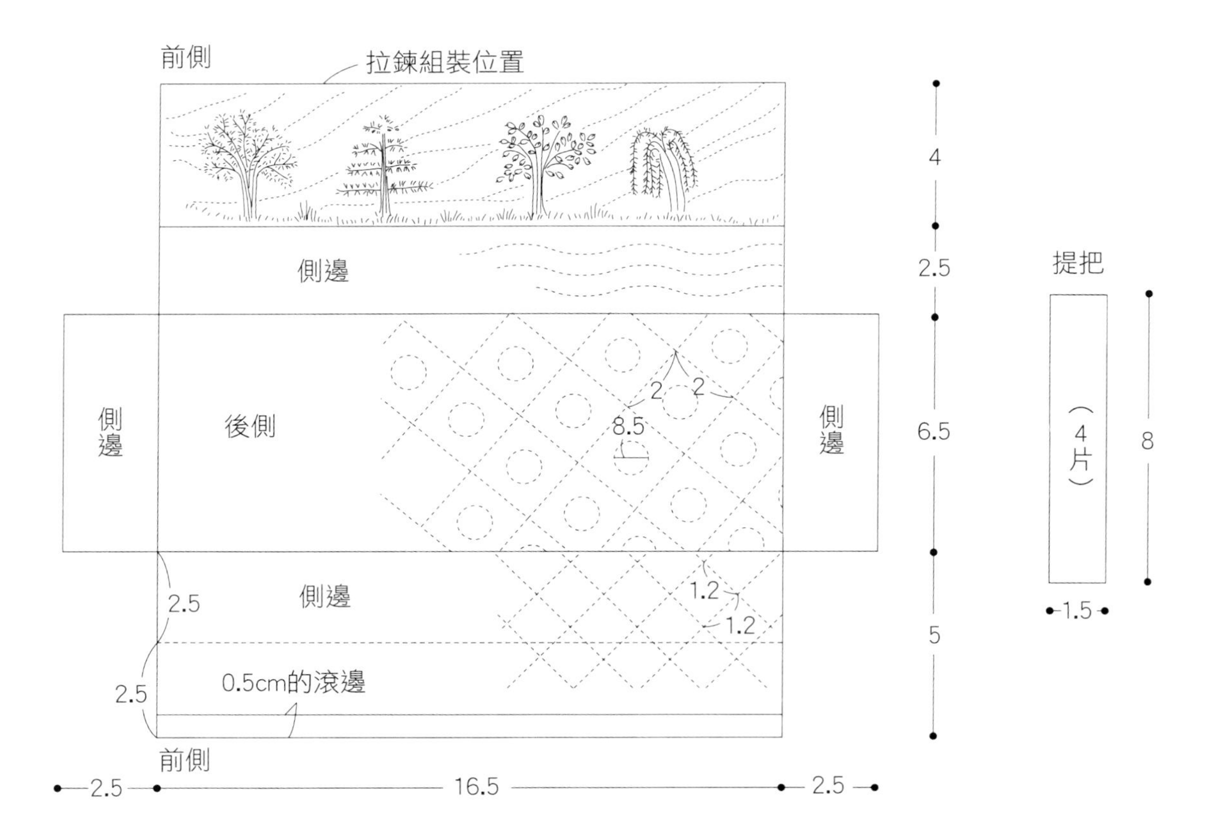

CHECKPOINTS
製作拉鍊口時，先將上方的前側布確實覆蓋鍊條，並以疏縫線固定後，再進行立針縫吧！關於後側及前側的側邊，由於要對齊表布的印花圖樣後再進行壓線，因此可對齊各自的花樣後，再進行壓線處理。

1

準備筆袋所需要的表布布片。在布片背面標示記號，並留出0.7cm的縫份。

2

在一片前側表布上進行刺繡（參閱P.98、P.99）。接合本體後，再將兩端的側邊縫合起來。

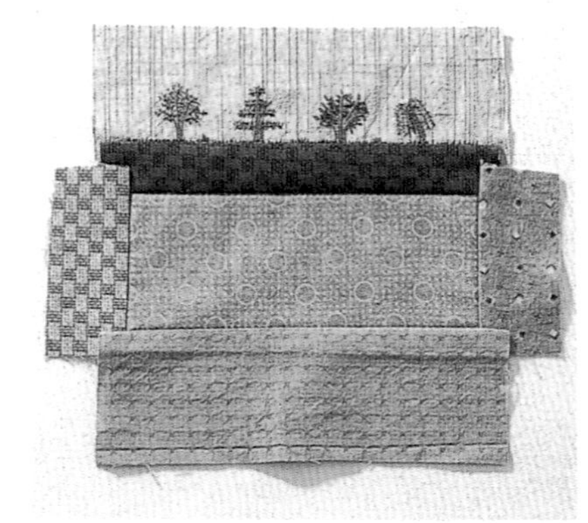

3

從背面看，布片均是沿著完成線記號來縫製固定。熨壓縫份時，則如圖所示，往單側的方向熨壓。

4

布片拼縫完成後，描繪壓線圖案，依序疊合裡布、棉襯、表布，疏縫後再進行壓線處理。

5

刺繡部分不作壓線處理，僅在輪廓邊緣進行壓線，完全展現立體感。

6

將拉鍊組裝在前側袋口上。先將表布及拉鍊的正面相對疊合，再以回針縫縫製完成線位置。

7

其餘縫份都修剪成0.7cm寬，再摺成完成尺寸。

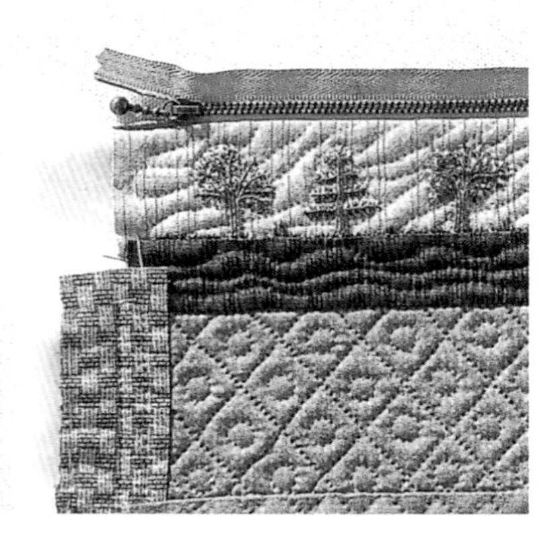

8

為了不讓縫份露出，先蓋上拉鍊布，僅在裡布上進行細針目的藏針縫。

9

另一邊的袋口則以3.5cm寬的斜紋布條進行滾邊處理。先將正面相對疊合後進行車縫，再將其餘縫份都修剪成0.5cm。

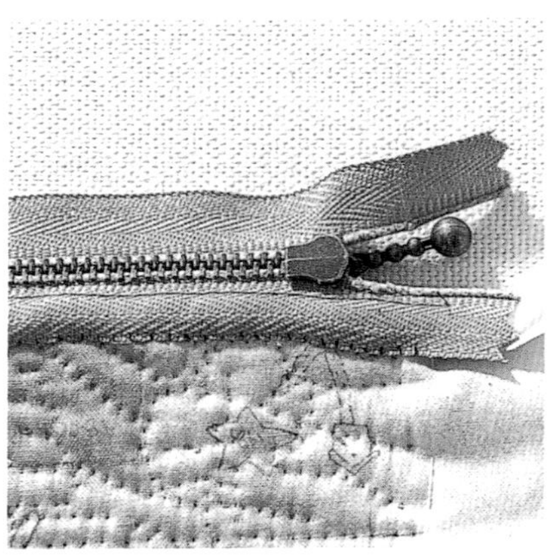

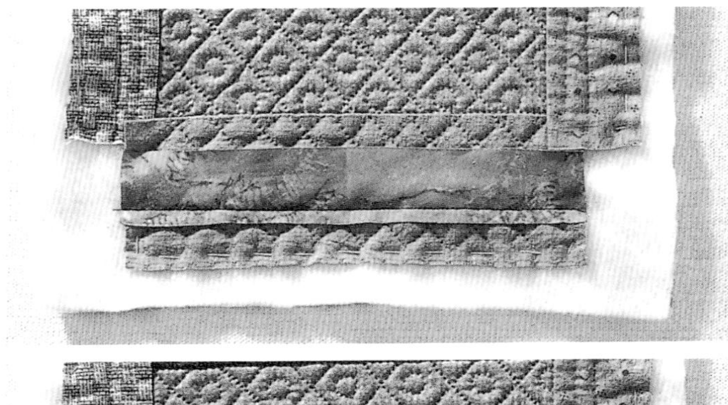

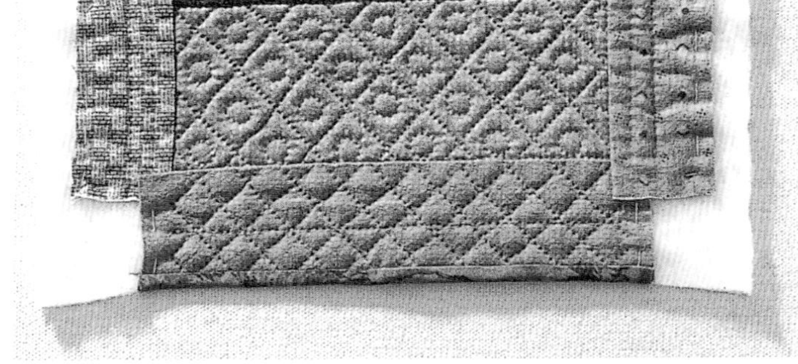

10

將斜紋布條翻回正面，包捲縫份。

11

以不影響正面為前提，以細針目的立針縫固定。

12

為了不讓拉鍊部分露出，將作好滾邊的前側緊靠刺繡完成的正面，以珠針固定後，進行疏縫。

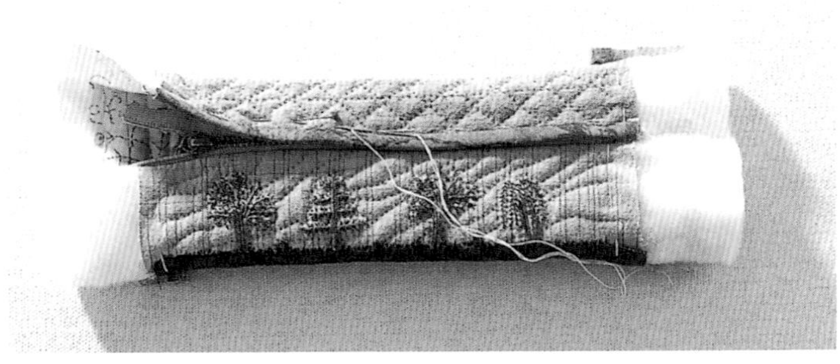

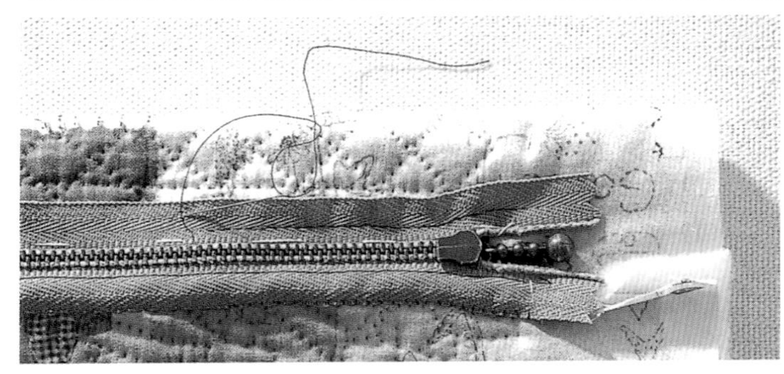

13

翻回背面，以不影響正面為前提，用回針縫勾縫的方式，將拉鍊組裝起來。拉鍊布上下兩側的臨邊線，也是以相同方式的立針縫固定在裡布上。

14

對齊側邊末端及前側末端，車縫記號到記號之間的部分。

15

僅留下側邊裡布的縫份，將其餘縫份修剪成0.7cm的寬度。以留下的裡布包捲縫份，再以立針縫固定。

16

將提把組裝在側邊兩端。準備正面、背面兩種花樣不同的布料，各裁剪2片為1組，將正面相對疊合後，疊上棉襯，再車縫布面兩側的邊緣。接著，沿著車縫線邊緣剪去棉襯，再翻回正面，車縫左右兩側。

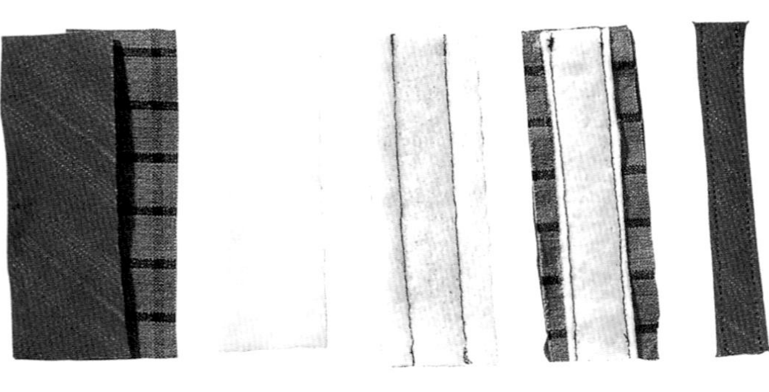

17

將提把兩端插入內側（表側）到側邊未車縫的部分。

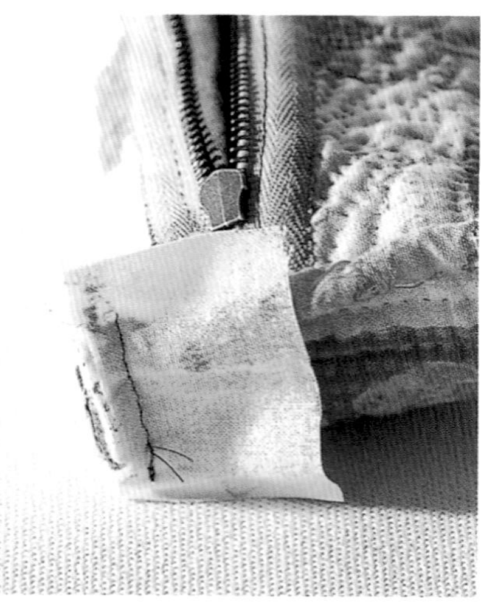

18

以縫紉機縫合側邊兩端，疊上一片與裡布花樣相同的斜紋布條，再次車縫針目的邊緣線。

19

將縫份修剪成0.7cm，再以斜紋布條包捲縫份，以細針目的藏針縫固定。

Finish

完成！正面圖。

完成！背面圖。

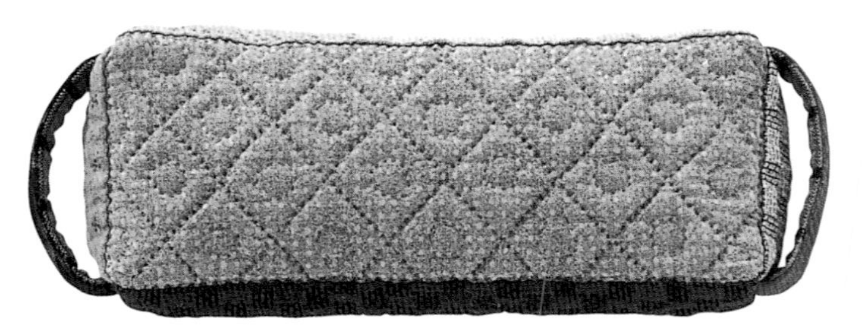

Lesson 11

Heart

愛心貼布繡手機袋

MATERIALS 材料

表布

- 前側布　格紋布15×15cm
- 貼布繡布料　印花布、格紋布、條紋布等各適量
- 後側布　印布花 25×15cm

提帶布　格紋布2種 2×30cm
滾邊布　格紋斜紋布條 3.5×35cm
裡布　格紋布30×25cm
棉襯　30×25cm　魔鬼氈　2×2cm
茄子環、D環　各1個
裝飾鈕釦　直徑0.8cm，1顆
Cosmo繡線　Multi Work 322的橘色（no.186）、原色（no.365）、灰色（no.893）

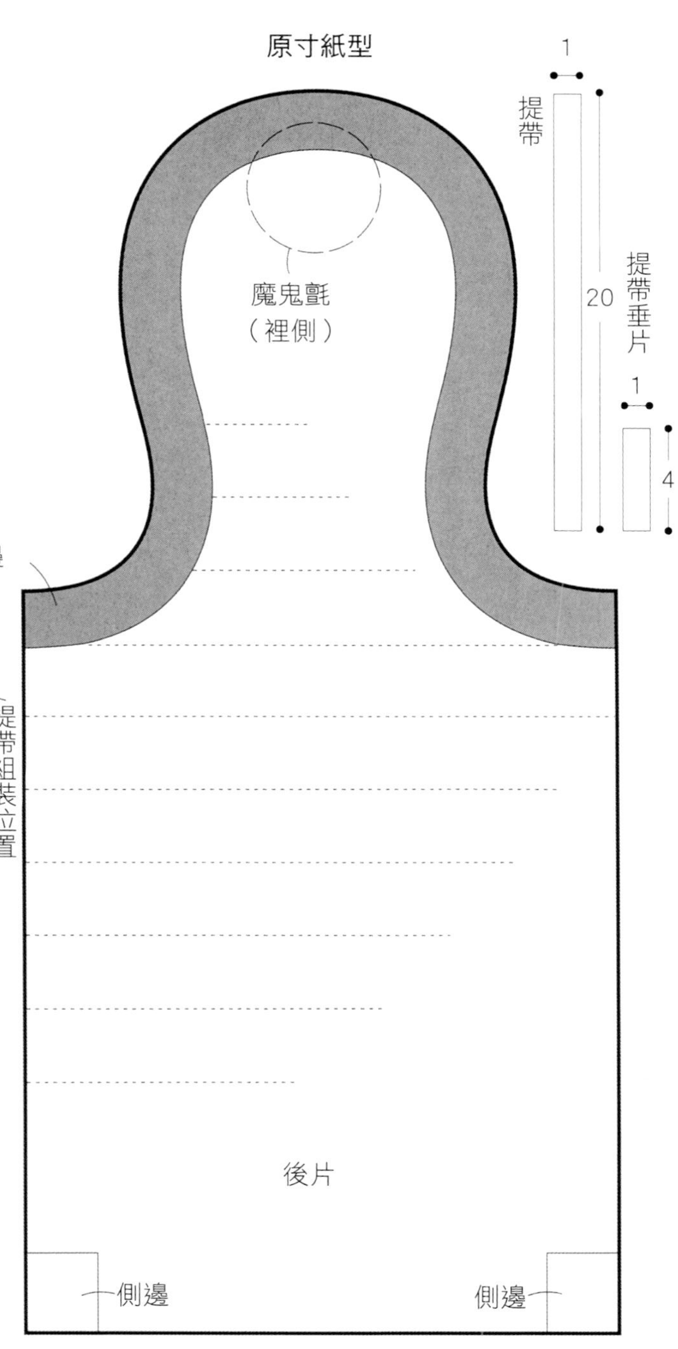

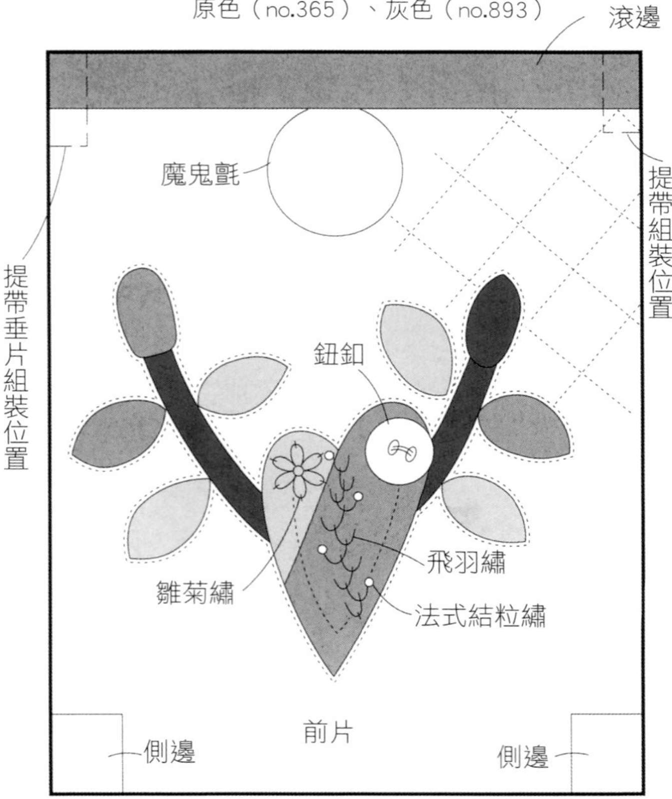

CHECKPOINTS

這款手機袋尺寸是以薄型摺疊式貝殼機的大小為基準，若你的手機較厚或是直立型的款式，請測量自己手機的尺寸，再往外留出一點寬度喔！此外，考量到縫製可能造成的布面縮減，請將量好的尺寸再放大120%，依此方式來調整紙型的大小。

1

準備手機袋所需的表布。從上而下為後側布、前側布及貼布繡布料。前、後側布料的縫份為1.5cm，貼布繡布料則是0.3cm。

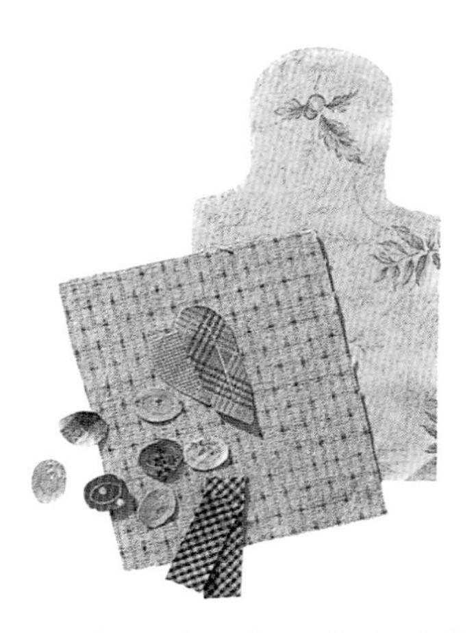

2

在前側布上進行貼布繡。首先，在貼布繡布料正面標示記號。先將中心的2片愛心布片接合，再將縫份往格紋布方向熨壓。貼布繡作法請參閱P.10。

3

依序疊合裡布、棉襯、表布，再進行壓線。裡布及棉襯都要往外多留一些縫份。

4

在壓線作業開始之前，先在愛心上刺繡，壓線時，請小心避開刺繡部分。莖與葉部分則不壓線。

5

將前側及後側的正面相對疊合，再接合側面及底部，進行車縫。

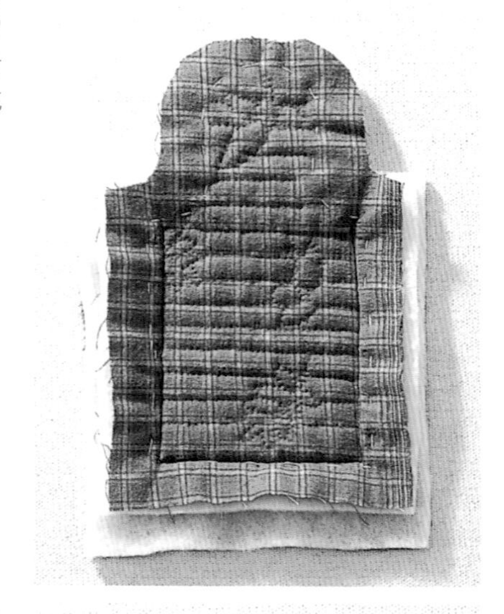

6

留下一片前側裡布的縫份，其餘縫份都修剪成0.7cm。以前側裡布包捲縫份，再以藏針縫固定在後側本體上。

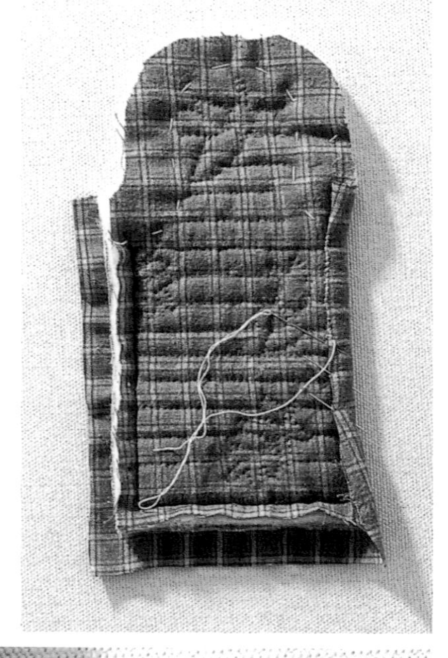

7

將縫份往後側布方向熨壓，盡可能以細針目的立針縫進行縫製。

8

側邊及底部的縫製完成圖。由於下方兩角要製作成側邊，先暫不處理。

9

準備一條3.5×4cm，與裡布相同花樣的斜紋布條，墊在側邊上，抓出2cm的寬度，以縫紉機車縫固定。接著剪去多餘縫份，以斜紋布條進行包邊處理（參閱P.56）。

10

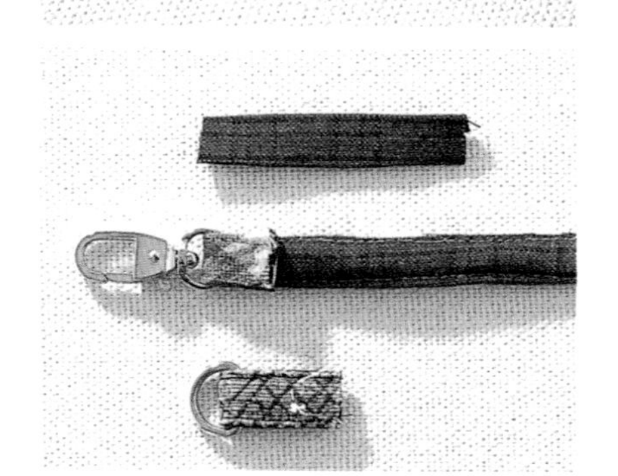

製作提帶。首先，疊合表布、裡布、3片棉襯後加以車縫，再沿著針車縫線的邊緣剪下棉襯，翻回正面後，在左右兩側進行車縫（參閱P.74）。接著，短帶穿過D環，長帶穿過茄子環，疏縫固定。

11

將提帶暫時疏縫固定在本體表側的兩端，再以格紋斜紋布條包捲袋口一圈，車縫固定。由於圓弧處的組裝較為困難，因此要以珠針一點一點固定，再以細針目的回針縫縫製。

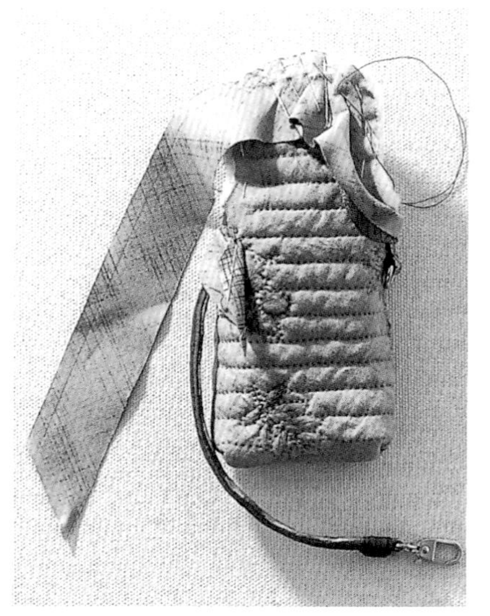

12

將斜紋布條翻至裡側、往內摺疊，包捲縫份後，以細針目的立針縫進行縫製。（參閱P.37）

13

將魔鬼氈剪成圓形，以藏針縫進行縫製。

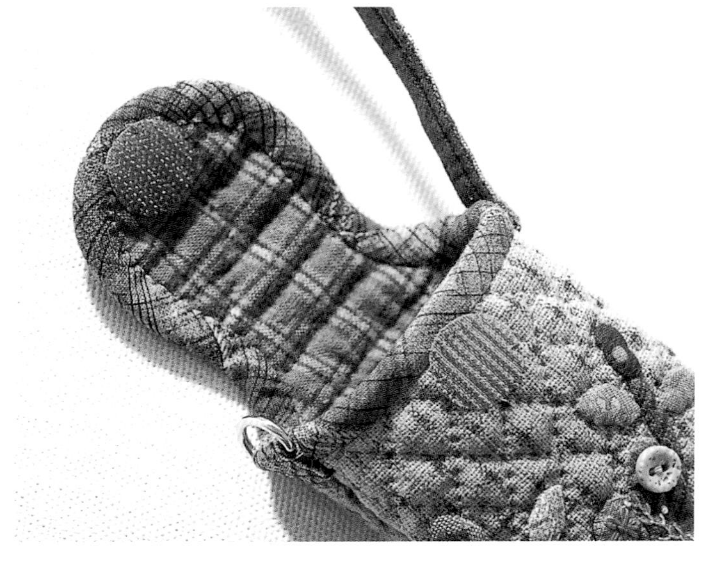

Finish

完成！正面圖。

完成！背面圖。

Lesson 12

Candlewick

燭芯繡靠墊

MATERIALS 材料

表布　格紋布55×110cm
裡布　素色布料55×55cm
棉襯　55×55cm
拉鍊　39cm 1條
燭芯繡專用線材　原色

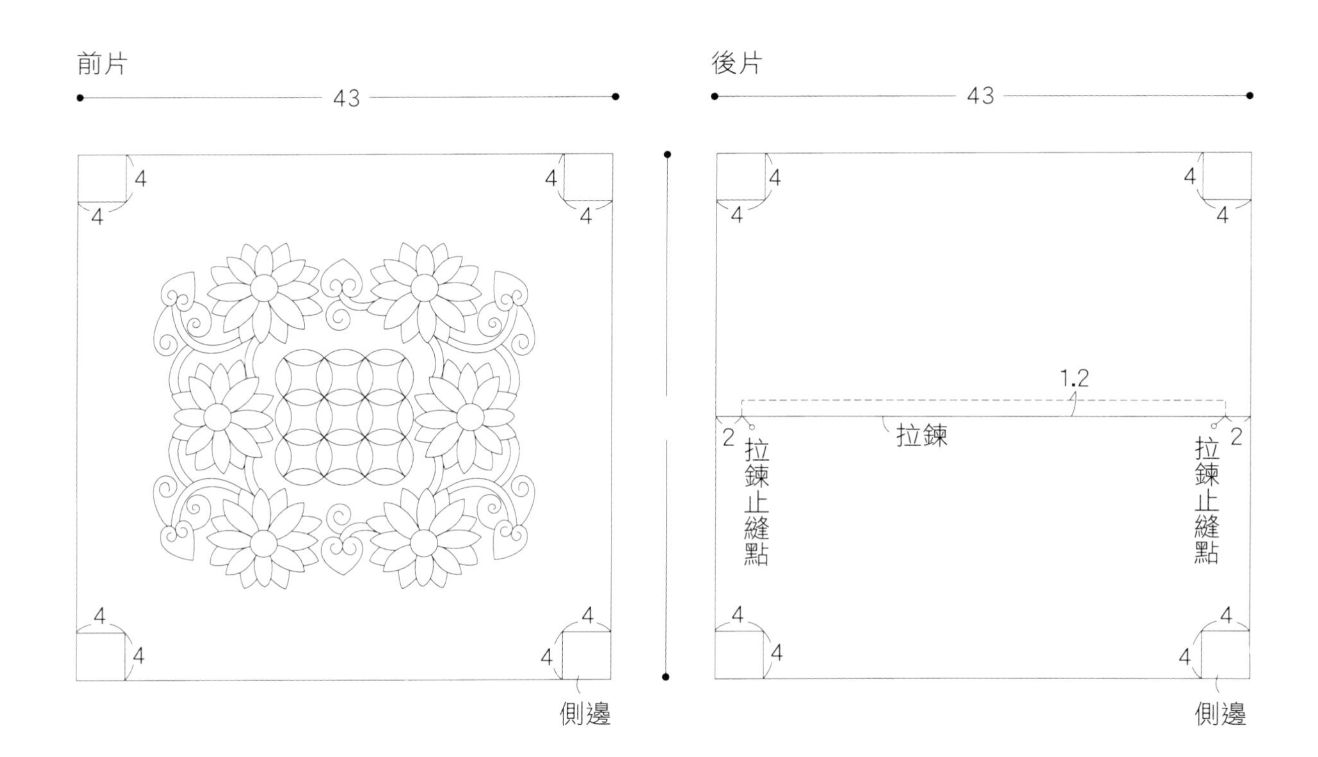

CHECKPOINTS

一般所知的燭芯繡多為白色作品，不過若能像這款靠墊一般，在帶有花紋的布面上進行刺繡，視覺效果也很棒喔！盡量以密集而細緻的針目來進行絲絨繡，就能讓作品更漂亮。

1

以2B鉛筆在表布上描繪出圖案。若沒有光桌，可以將圖案貼在玻璃窗上，利用日光透視來繪製。

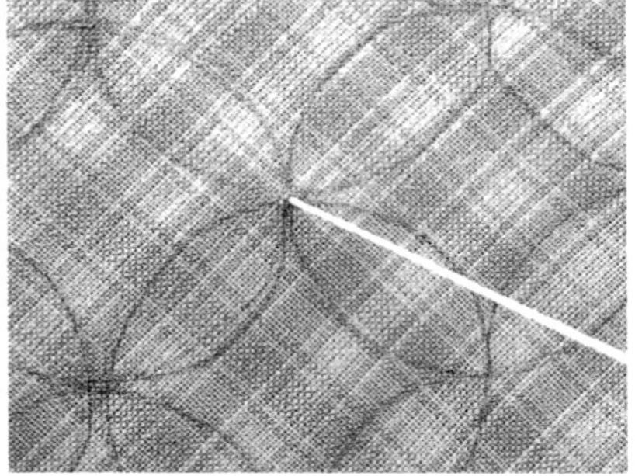

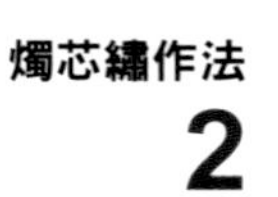

燭芯繡作法

2

以燭芯繡專用線（或取6股線）進行殖民結粒繡。線段打結後，由背面出針穿到正面。

3

將針尖放在線材上方，再如圖從上往下捲線。

4

將位於左下方的線材，再次從針的右方往左方捲。

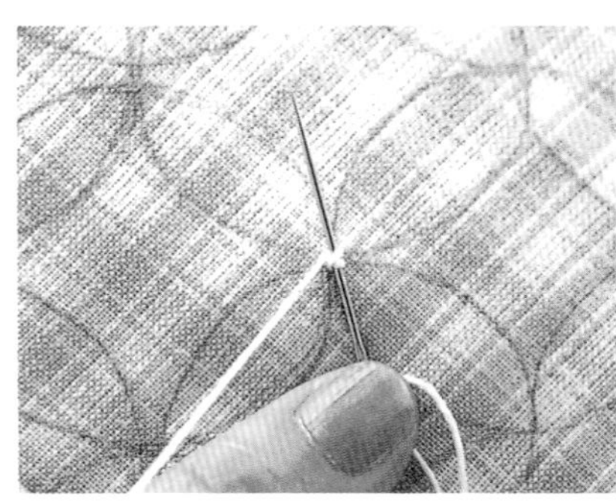

5

往下拉線。

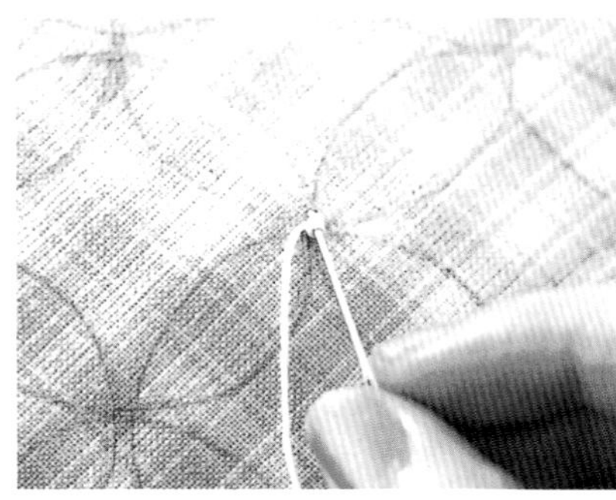

6

不拔針，直接刺入邊緣。

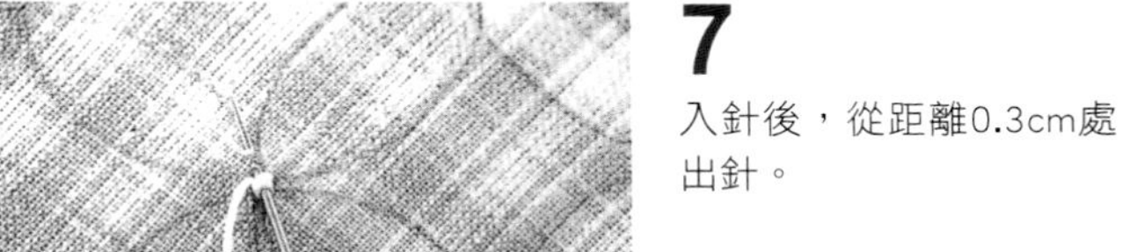

7

入針後，從距離0.3cm處出針。

8

完成殖民結粒繡。以同樣的方式繼續進行刺繡。

9

進行燭芯繡時，若能以刺繡框來固定布面，會讓作業更為順利。

10

進行絲絨繡。從中心開始刺繡，不需打結，直接在距離表面0.1cm處勾縫，留下1cm長的線材。

11

有如要將繡線分開一般，進行回針縫。

12

留下作成環狀的線材（約1cm），再以細小針目進行回針縫。

13

從中心開始製作線圈，持續進行回針縫。

14

細膩而密集地，有如畫圓一般的進行回針縫。

15

如圖，繡出許多小線圈。

16

剪開所有的線圈。

17

以針尖一一挑開繡線的上方處。

19

以剪刀將小圓修剪成漂亮的圓弧狀。

18

將繡線全部挑開，如圖所示。整體呈現柔軟、蓬鬆的狀態。

20

絲絨繡完成！

21

完成表布的刺繡。依序疊合裡布、棉襯、表布，再進行壓線。

22

背面圖。如圖般像是要將中心的絲絨繡環繞起來，畫圓般地進行刺繡。

23

將拉鍊組裝在後側布，與前側布的正面相對疊合，再於周圍進行車縫，以捲邊縫往縫份處固定。接著打開拉鍊，使之成為返口。四個角落要抓成側邊。

24

從表側看的背面圖。以縫紉機車縫側邊。

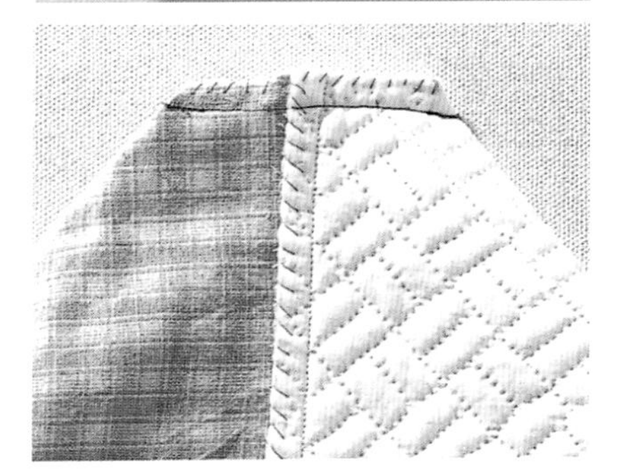

25

四個側邊的縫份都修剪成0.7cm，再以捲邊縫固定。

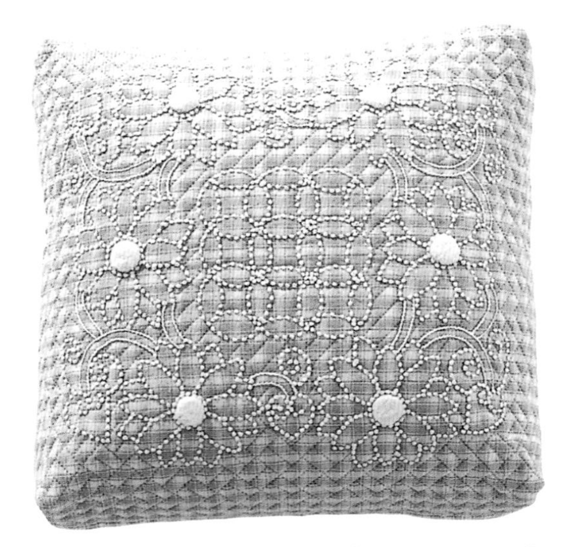

Finish

靠墊製作完成！正面圖。

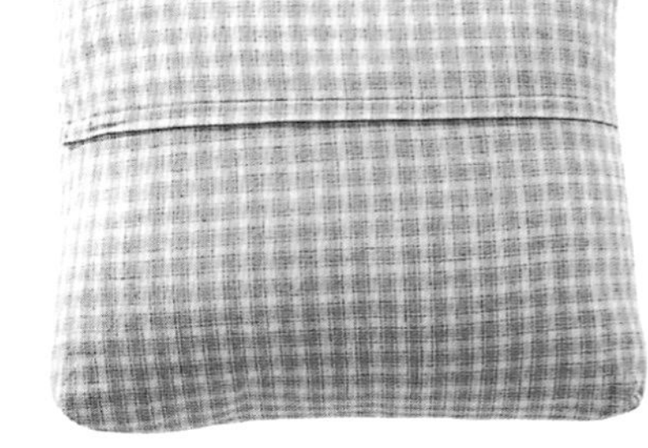

背面圖。

Lesson 13

Candlewick

燭芯繡掛毯

MATERIALS 材料

表布　印花布、格紋布、條紋布等各適量
邊條　寬25cm，適量
滾邊布　格紋斜紋布條3.5×530cm
裡布　印布花150×140cm
棉襯　150×140cm
燭芯繡專用線材　由原色染為咖啡色

邊框布條的原寸紙型

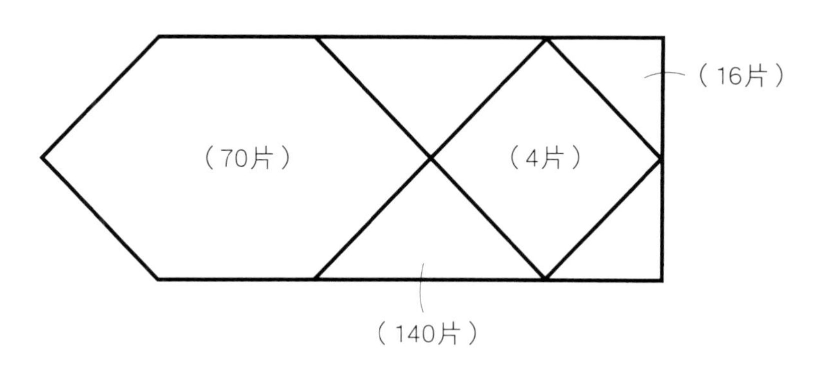

CHECKPOINTS
這款作品使用的燭芯繡專用線，是以化學染料染製而成的杏色或咖啡色線材。在邊框布條的接合處、邊條的貼布繡周圍，以殖民結粒繡來裝飾。

1

首先，在邊條上進行葉子的貼布繡，再於葉子邊緣及莖幹上進行殖民結粒繡（參閱P.82）。邊框布條及邊條的接合處也飾以殖民結粒繡。

2

花朵和果實等想要強調的部分，則以絲絨繡（參閱P.83）處理。若想要讓成品更加立體，將線圈拉大一點即可。

Finish

掛毯製作完成！

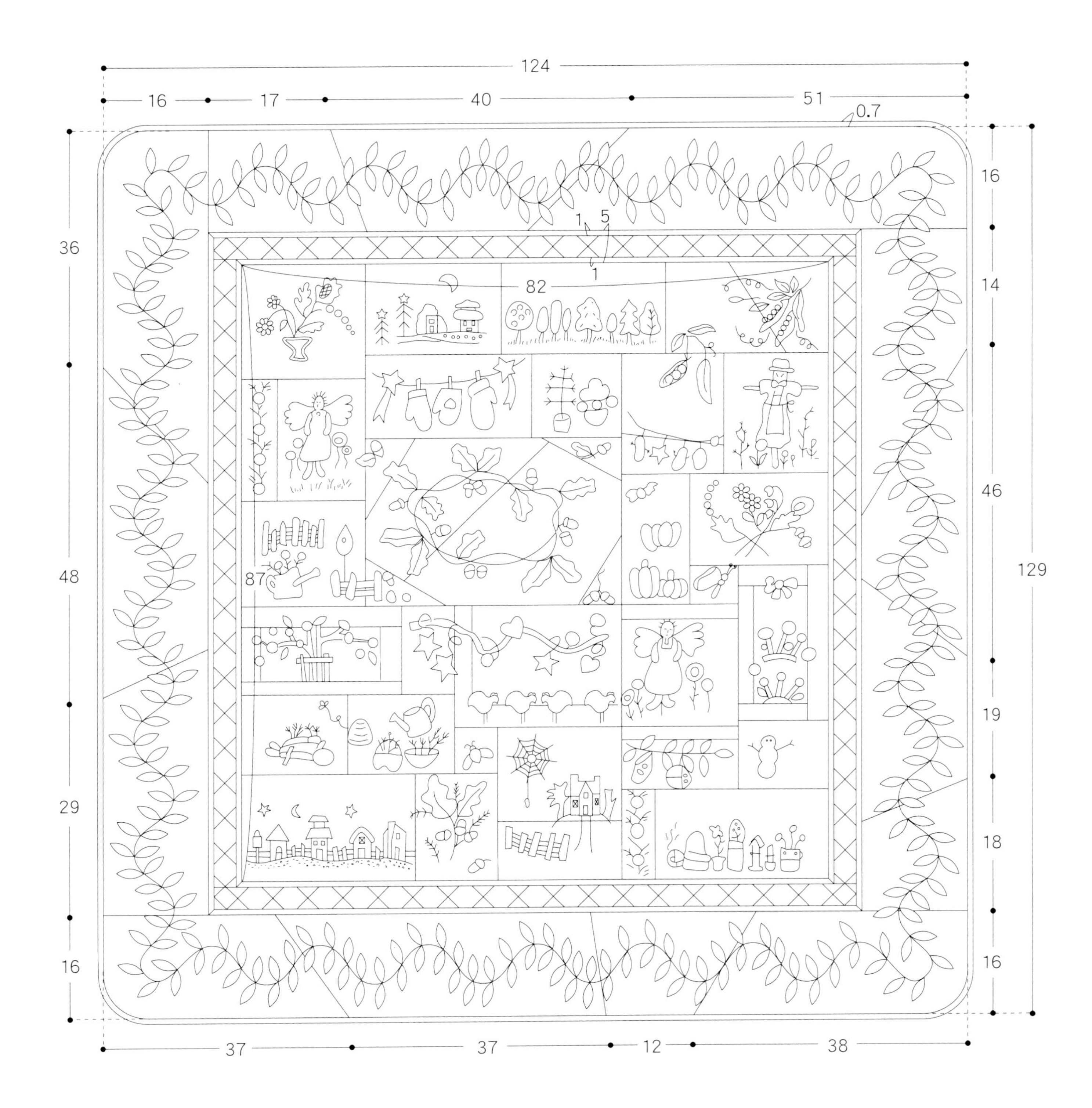
124
16
17
40
51
0.7
36
48
29
16
16
14
46
19
18
16
129
1
5
1
82
87
37
37
12
38

Lesson 14

Red Work

素繡掛毯

MATERIALS 材料

表布　杏色織紋布30×30cm 32片、55×55cm 1片
邊條　杏色織紋布20×700cm
滾邊布　格紋斜紋布條3.5×670cm
裡布　格紋布200×200cm
棉襯　200×200cm
Cosmo繡線　Multi Work 322的胭脂色（no.225）

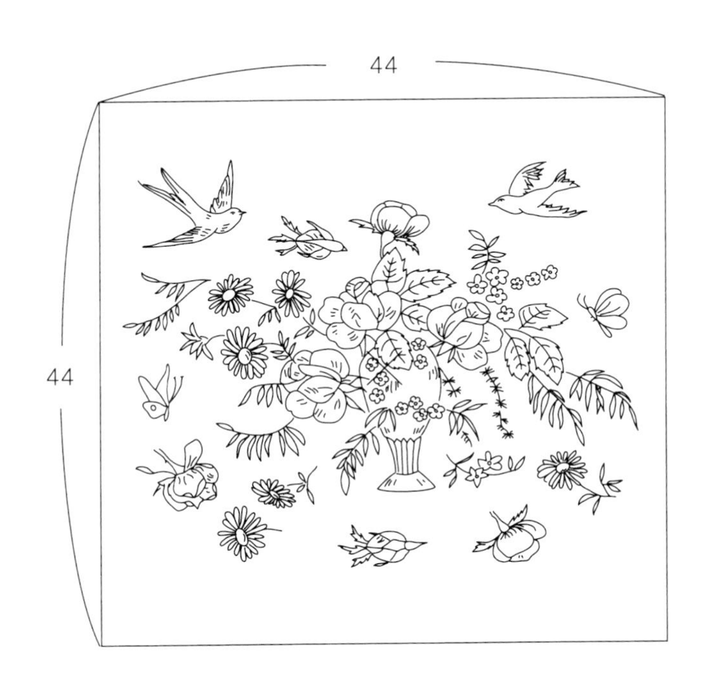

CHECKPOINTS

這款掛毯是以單一紅色繡線，採用傳統「素繡（Red Work）」風格所完成的作品。素繡時，全部都以輪廓繡來進行刺繡。在此選用的線材，是較為素雅的胭脂紅。

1

將鉛筆削尖，在表布上描繪圖案。

2

固定繡框，取2條繡線來進行輪廓繡。

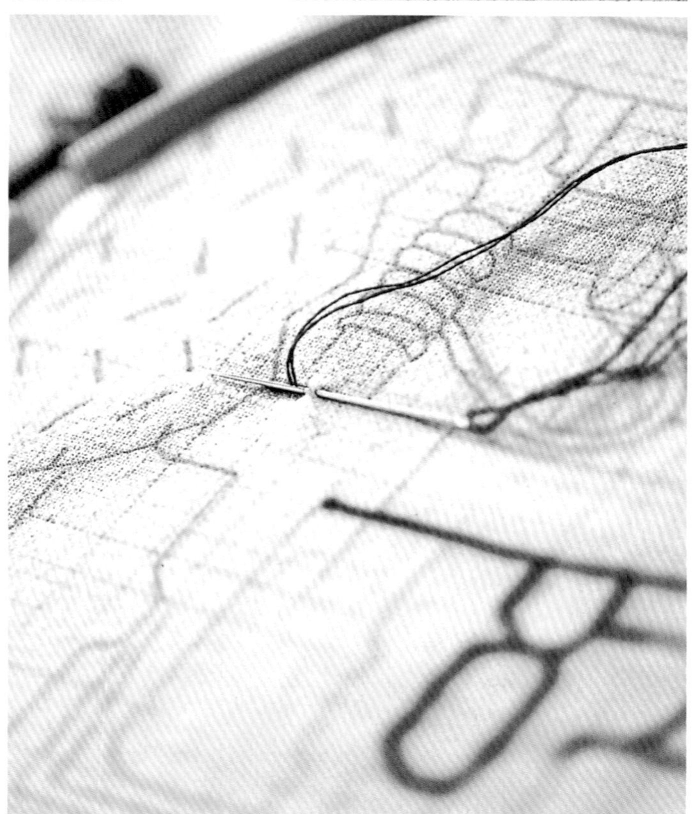

3

以刺繡製作出各式各樣圖案的布片。素繡時，若基底布也改用有顏色或花樣的布料，又會營造出截然不同的氛圍。

Finish

掛毯完成！

將單片刺繡完成的布料裱褙裝飾，看起來也很棒！

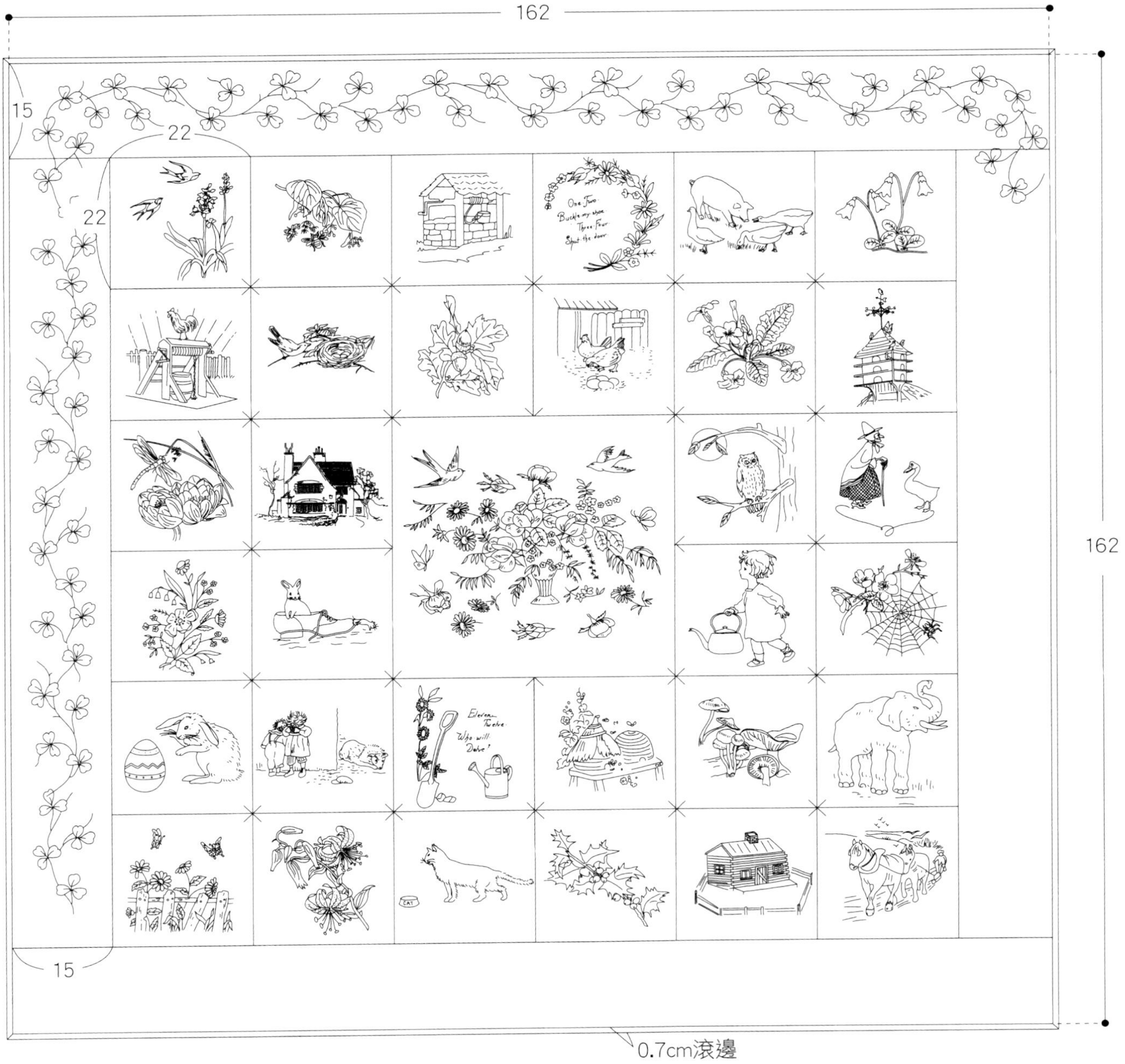

162

15

22

22

162

15

0.7cm滾邊

Lesson 15

製作　矢動丸篤子

Basket

編織風提籃貼布繡及刺繡掛毯

MATERIALS 材料

表布、貼布繡布料　印花布、格紋布、條紋布等各適量
邊條　格紋布40×480cm
滾邊布　格紋斜紋布條3.5×570cm
裡布　印布花140×160cm
棉襯　140×160cm
Cosmo繡線　Multi Work 322的原色（no.364）

原寸紙型

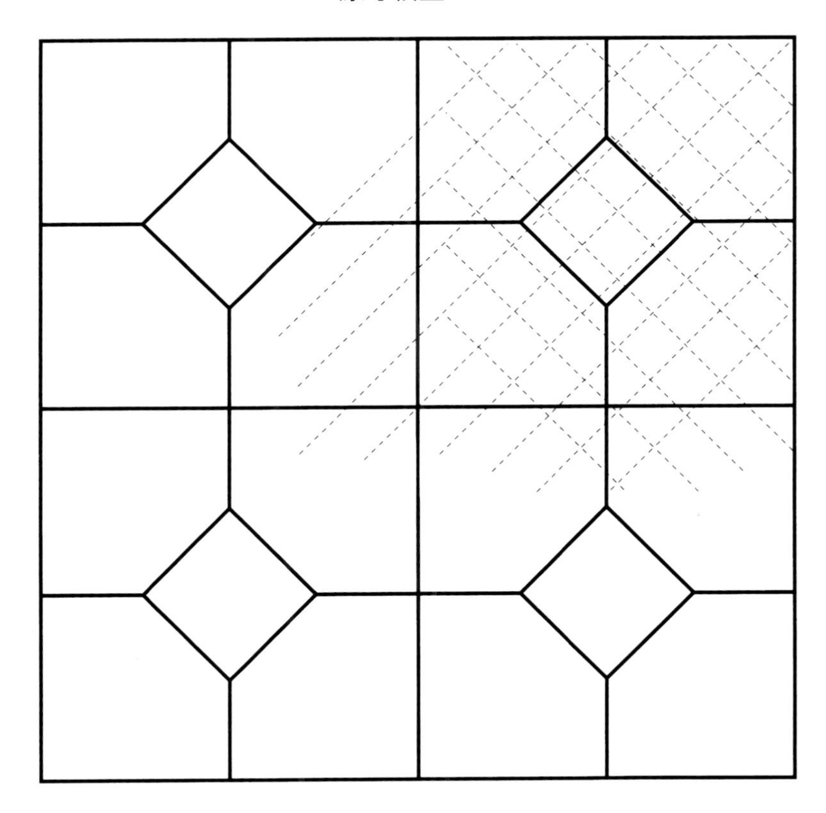

CHECKPOINTS

製作這一款掛毯時，是將斜紋布條如同製作籃子一般地編織，再拼縫在邊條的四個中心點上。中央的圖樣部分，是將各式拼布圖案如樣本般拼縫起來，並在邊框布條縫上大小隨意的四角貼布繡。

1

製作貼布繡要用到的斜紋布條。將剪裁成寬2.2cm的斜紋布條對摺後，再車縫距離邊緣0.6cm處。接著，從車縫線處再往內對摺一次。

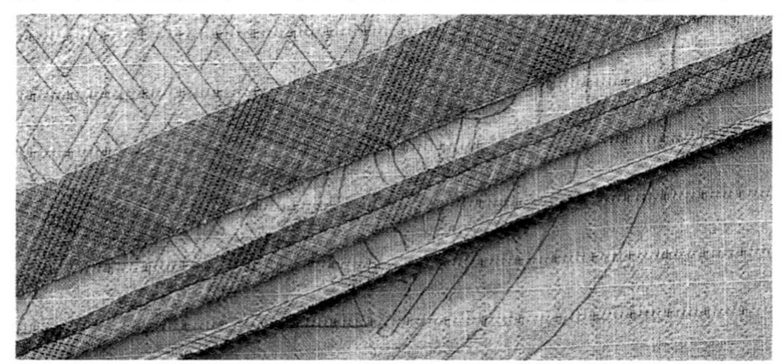

2

將製作成車縫寬度的厚紙板穿入斜紋布條，以熨斗從車縫線往內熨壓，就能做出漂亮的布帶。若要製作較細的斜紋布條，在摺疊後將縫份修剪成比布帶要窄一些的寬度即可。

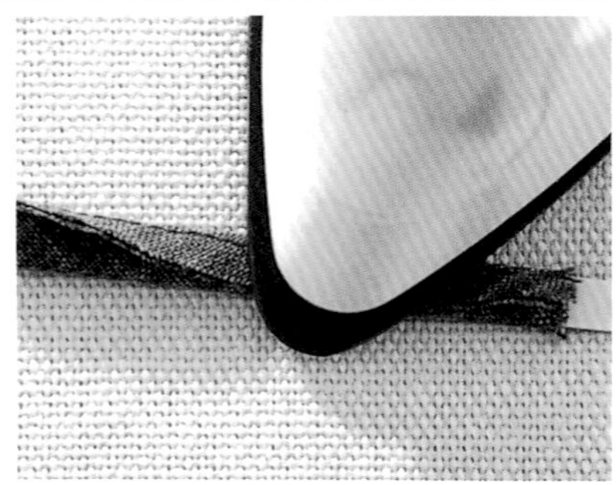

3

先按照圖案，將同一方向的布條以疏縫大略固定。接著如同編織籃子一般，將斜紋布條穿插交疊。

4

為了不讓斜紋布條滑動，先疏縫加以固定後，再以藏針縫將布帶末端固定起來（參閱P.10）。

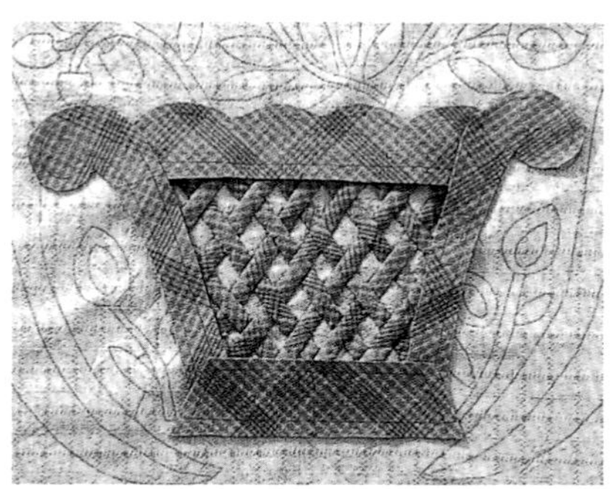

5

以剪裁成斜紋的布片，分別在上、下、左、右四處進行貼布繡（參閱P.10）。

6

一邊將葉子及花朵摺成完成尺寸，一邊以藏針縫固定（參閱P.10）。

Finish

掛毯製作完成！

133
3.5
0.7
26
3.5
26
4
10
4
10
QUILT SHOP
147

Running
平針繡

Back
回針縫

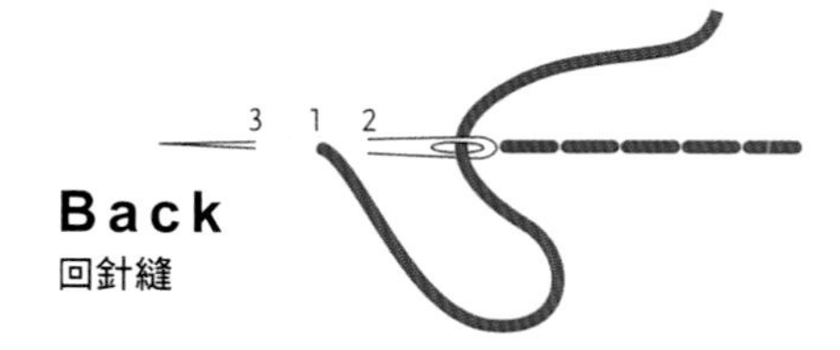

Outline
輪廓繡

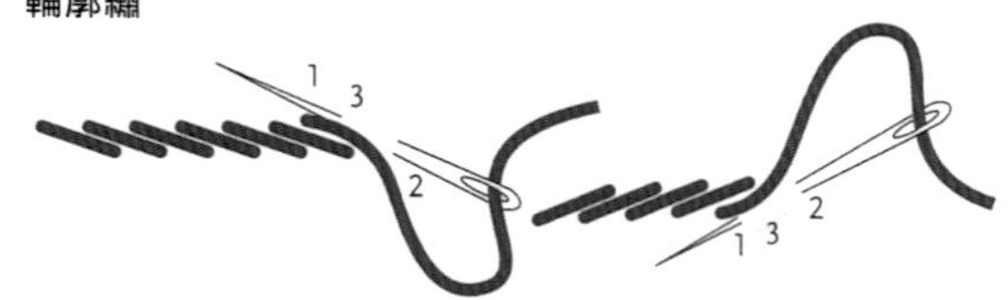

Straight
直線繡

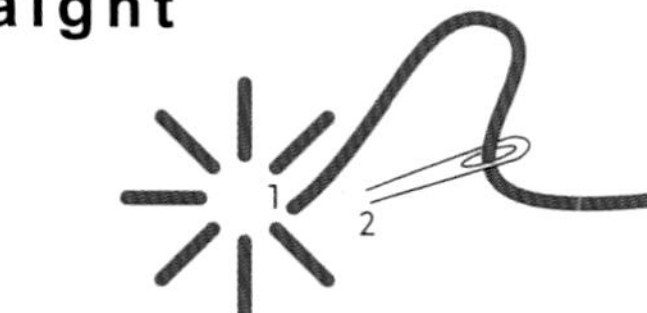

Blanket
毛毯繡

Chain
鎖鏈繡

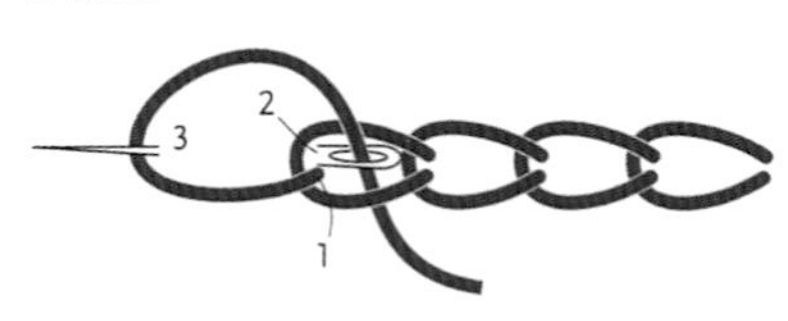

Double Cross
雙十字繡（米字繡）

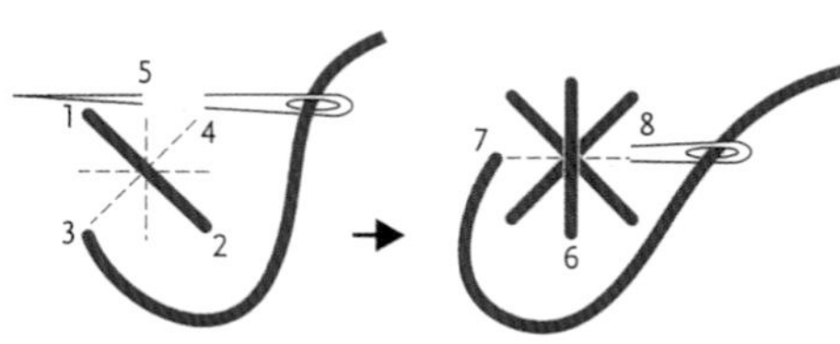

Lazy daizy
雛菊繡

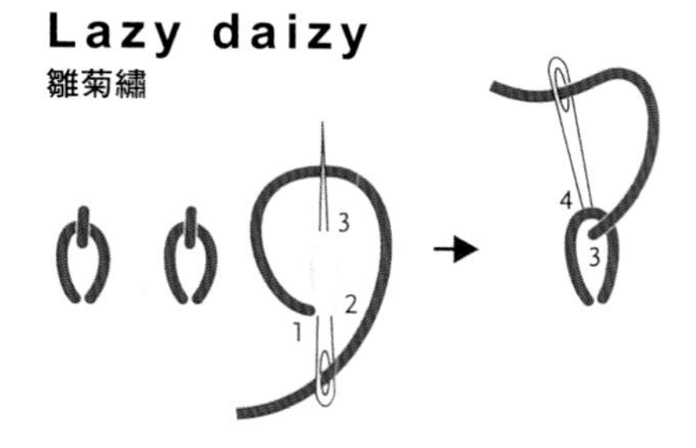

Technique of embroidery
各種繡法

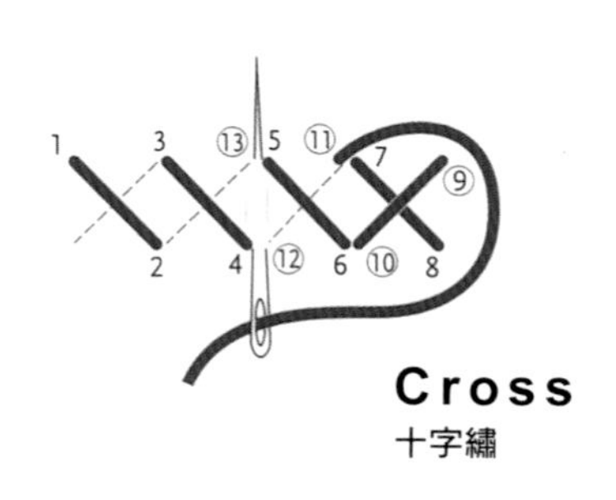

Cross
十字繡

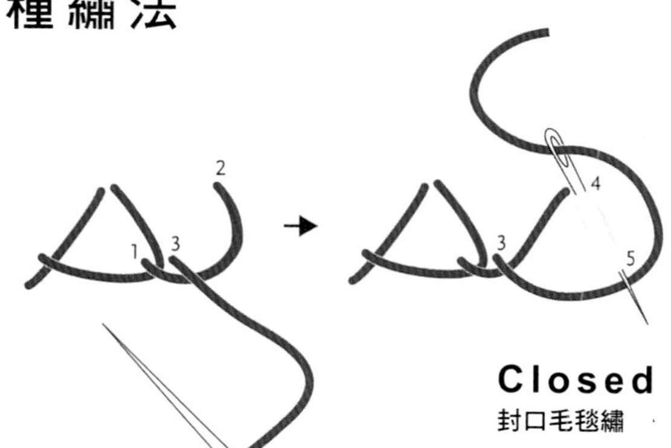

Closed Blanket
封口毛毯繡

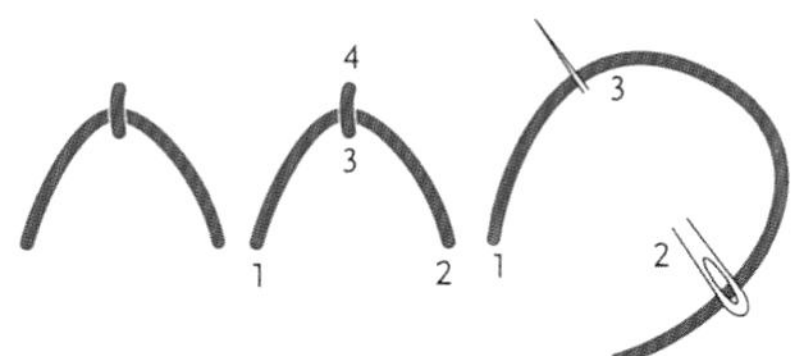
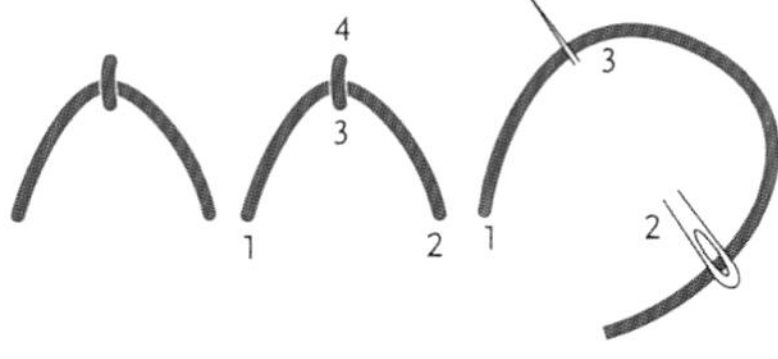

Fly
飛羽繡

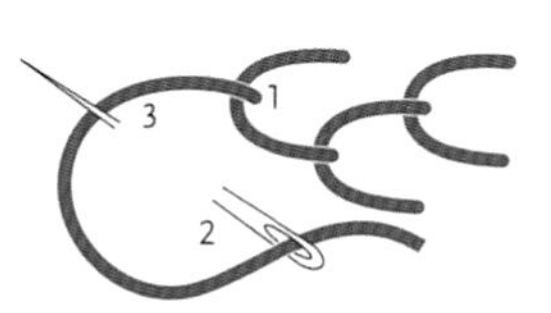

Feather
羽毛繡

Chevron
山形繡

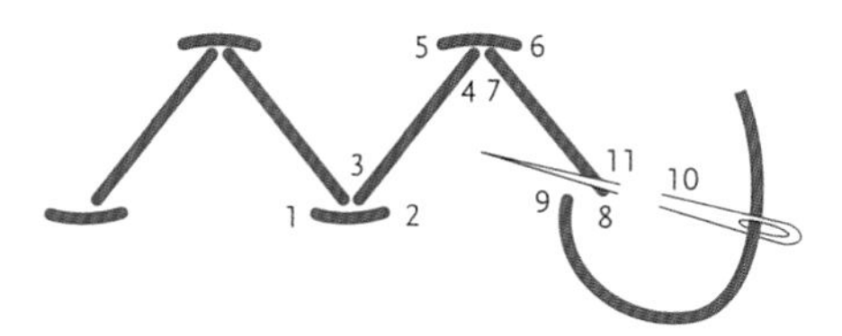

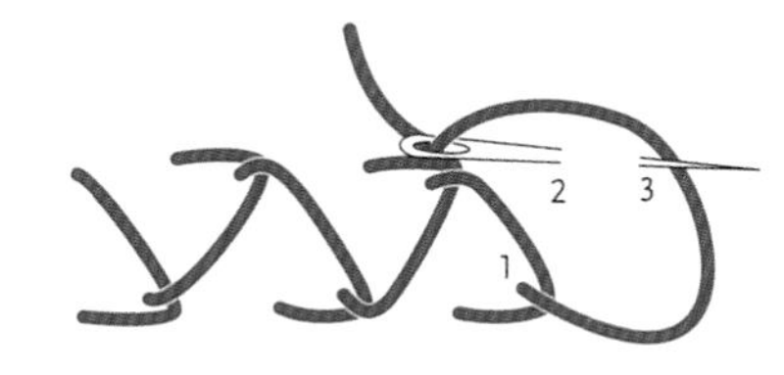

Straight Feather
直線羽毛繡

Twisted Herringbone
扭轉千鳥繡

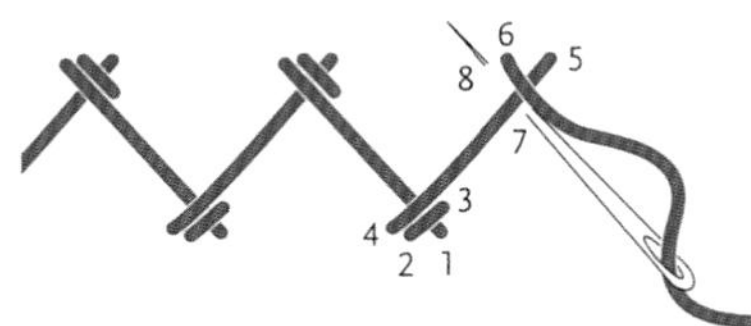

Stain
緞面繡

Zig-Zag Back
回針鋸齒繡

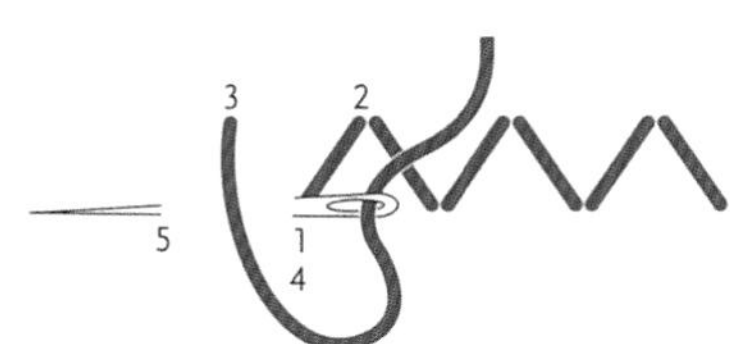
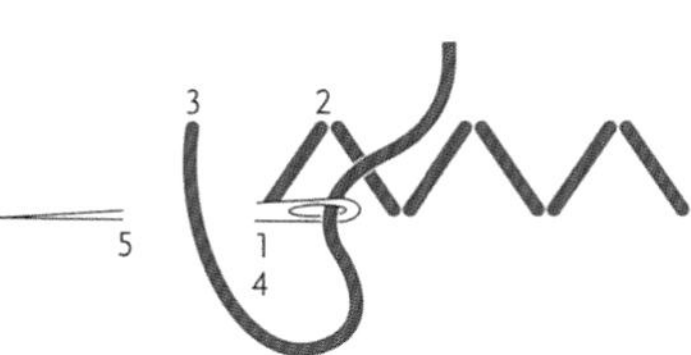

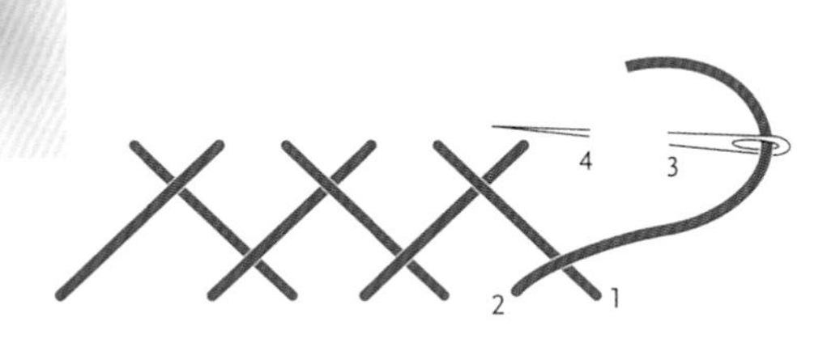

Herringbone
千鳥繡

French Knot
法式結粒繡

Cretan
克里特繡

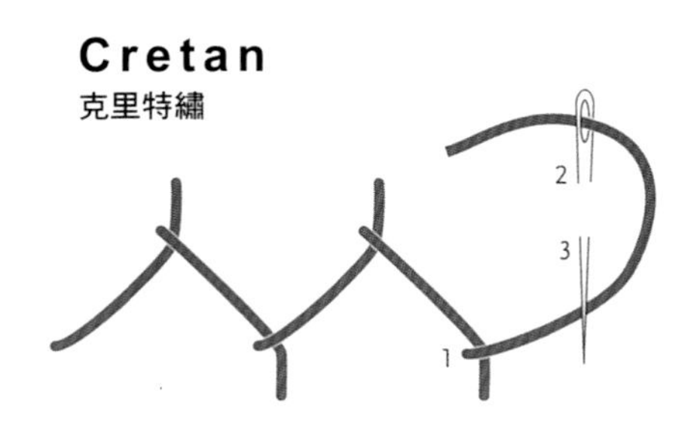

拼布美學 PATCHWORK 05

斉藤謠子の不藏私拼布課 Lessons 3

15堂拼布基本功＆拼布人一定要學的貼布繡＆刺繡技巧

作　　者／斉藤謠子
審　　定／劉亦茜
譯　　者／黃立萍
發 行 人／詹慶和
總 編 輯／蔡麗玲
編　　輯／蔡竺玲・林昱彤・黃薇之・程蘭婷・蔡毓玲
執行美編／王婷婷
美術編輯／陳麗娜・王婷婷
內頁排版／造極
出 版 者／雅書堂文化
發 行 者／雅書堂文化事業有限公司
郵政劃撥帳號／18225950
戶　　名／雅書堂文化事業有限公司
地　　址／新北市板橋區板新路206號3樓
電　　話／（02）8952-4078
傳　　真／（02）8952-4084
網　　址／www.elegantbooks.com.tw
電子郵件／elegant.books@msa.hinet.net
2011年9月初版一刷　定價 450 元

總經銷／朝日文化事業有限公司
進退貨地址／新北市中和區橋安街15巷1號7樓
電話／（02）2249-7714　傳真／（02）2249-8715

星馬地區總代理：諾文文化事業私人有限公司
新加坡／Novum Organum Publishing House (Pte) Ltd.
20 Old Toh Tuck Road, Singapore 597655.
TEL：65-6462-6141　FAX：65-6469-4043
馬來西亞／Novum Organum Publishing House (M) Sdn. Bhd.
No. 8, Jalan 7/118B, Desa Tun Razak, 56000 Kuala Lumpur, Malaysia
TEL：603-9179-6333　FAX：603-9179-6060

國家圖書館出版品預行編目資料

斉藤謠子の不藏私拼布課 Lessons 3 / 斉藤謠子著；黃立萍譯. -- 初版. -- 新北市：雅書堂文化, 2011.09
面；　公分. -- (Patchwork・拼布美學；5)
ISBN 978-986-302-010-3(第三冊：平裝)
1. 拼布藝術　2. 手工藝
426.7　　100016600

斉藤謠子（Saito Yoko）

現任ＮＨＫ文化中心講師，亦擔任許多機構的講師職務，同時以充滿獨特深色系的風格見長，作品散見於雜誌、電視節目，在業界相當活躍。目前為「Quilt Party」（裁縫學校兼購物商場）負責人，亦身兼ＮＨＫ文化中心講師、日本 Vogue 學園講師、Needlework 日本展會員等職務。

著作為數眾多，包含《斉藤謠子的鄉村拼布》、《ウールで樂しむフックド・ラグ》（文化出版局）、《斉藤謠子のとっておきキルト小物》（日本 Vogue）、《美式拼布》（ＮＨＫ出版）等。

裝訂・版面設計／若山嘉代子　竹內純子　L'espoce
攝影／渡邊 剛
數位描繪／day studio / satomi d.+yun.o
作品製作協力／船本里美　松元和子　山田數子
編輯／平井典枝（文化出版局）
發行人／大沼 淳